CUISINEZ
BIEN ACCOMPAGNÉ
avec ma méthode Mentor

五味坊 136

大師的料理課
米其林名廚菲利普‧埃切貝斯特的廚藝指南

CUISINEZ BIEN ACCOMPAGNÉ avec ma méthode Mentor

作者	菲利普‧埃切貝斯特（Philippe Etchebest）
譯者	何欣翰

出版	積木文化
總編輯	江家華
責任編輯	關天林
版權行政	沈家心
行銷業務	陳紫晴、羅仔伶

發行人　何飛鵬
事業群總經理　謝至平
出版／積木文化
115台北市南港區昆陽街16號4樓
官方部落格：http://cubepress.com.tw/
電話：（02）25000888　傳眞：（02）25001951
讀者服務信箱：service_cube@hmg.com.tw

發行／英屬蓋曼群島商家庭傳媒股份有限公司城邦分公司
台北市南港區昆陽街16號8樓
讀者服務專線：（02）25007718-9
24小時傳眞專線：02-25001990；02-25001991
服務時間：週一至週五上午09:30-12:00；下午13:30-17:00
郵撥：19863813　戶名：書虫股份有限公司
網站：城邦讀書花園　網址：www.cite.com.tw

香港發行所／城邦（香港）出版集團有限公司
香港九龍土瓜灣土瓜灣道86號順聯工業大廈6樓A室
電話：852-25086231　傳眞：852-25789337
電子信箱：hkcite@biznetvigator.com

馬新發行所／城邦（馬新）出版集團Cite (M) Sdn Bhd
41, Jalan Radin Anum, Bandar Baru Sri Petaling, 57000 Kuala Lumpur, Malaysia.
電話：603-90563833　傳眞：603-90576622
電子信箱：services@cite.my

美術設計	郭忠恕
製版印刷	上晴彩色印刷製版有限公司

國 家 圖 書 館 出 版 品 預 行 編 目 （ C I P ） 資 料

大師的料理課：米其林名廚菲利普.埃切貝斯特的廚藝指南/菲利
普.埃切貝斯特（Philippe Etchebest）作；何欣翰譯. -- 初版. --
臺北市：積木文化出版：英屬蓋曼群島商家庭傳媒股份有限公司
城邦分公司發行, 2024.11
　面；　公分
譯自：Cuisinez bien accompagné avec ma méthode Mentor.
ISBN 978-986-459-619-5(精裝)

1.CST: 烹飪 2.CST: 食譜 3.CST: 法國

427.12　　　　　　　　　　　　　　　　113012771

城邦讀書花園
www.cite.com.tw

© Editions Albin Michel, 2023

Published by arrangement with Editions Albin Michel, through The Grayhawk Agency.

Traditional Chinese Character translation copyright © 2024 by Cube Press, Division of Cite Publishing Ltd.

【印刷版】
2024年11月28日 初版一刷
售價／1200元
ISBN 9789864596195
Printed in Taiwan.

【電子版】
2024年11月
ISBN 9789864596188 (EPUB)

大師的料理課

米其林名廚
菲利普・埃切貝斯特的廚藝指南

PHILIPPE ETCHEBEST

菲利普・埃切貝斯特 —— 著　何欣翰 —— 譯

目錄

編輯的話 7

我的料理法則 8

法則 1：
　整理冰箱 10

法則 2：
　收拾雜物 14

法則 3：
　妥善安排廚房空間 17

法則 4：
　下廚必備的器具 21

法則 5：
　製作甜點必備的器具 26

法則 6：
　廚房必備的鹹食材料 30

法則 7：
　廚房必備的甜食材料 33

法則 8：
　精心挑選調味料 36

法則 9：
　精心挑選香料 39

法則 10：
　自製清潔用品 41

法則 11：
　吃得營養均衡並享受不同食材 44

法則 12：
　有計劃地採買 47

法則 13：
　在優質商家消費 50

法則 14：
　預先規劃飲食菜單 55

法則 15：
　下廚前的前置作業 58

食譜 Les recettes 63

醬汁 Sauces 65
青醬 66
美乃滋 67

法式油醋汁 68
法式白醬 69
伯納西醬 70
塔塔醬 71
藍乳酪醬汁 72
胡椒醬汁 73
芥末醬汁 74
絲滑醬汁 75
紅酒醬汁 76
白酒醬汁 77
荷蘭醬汁 78
海鮮醬汁 79

基礎配方 Bases 81
泡芙麵糊 84
新鮮義大利麵麵團 86
天婦羅麵糊 88
漢堡麵包 90
披薩麵團 92
油酥麵團 94
可麗餅麵糊 96
法式油炸麵糊 98
法式蛋白霜 100

常用小菜與主食 Épicerie 103
中東塔布勒沙拉 104
法式小扁豆湯 106
綠小扁豆沙拉 108
白腰豆沙拉 110
義大利燉飯 112
香料飯 114
法式燉白豆 116

蔬菜料理 Légumes 119
蔬菜高湯 120
甜蒜佐法式油醋汁 122
什錦蔬菜沙拉 124
芹菜根沙拉 126
法式洋蔥湯 128
蔬菜濃湯 130
法式普羅旺斯燉菜 132
蘑菇義式麵餃 134
法式蔬菜鹹派 136
香烤蔬菜 138
煎烤蔬菜 140
法國苦苣焗烤火腿 142

蔬菜千層麵　144
蔬菜北非小米飯　146
法式鮮奶油焗烤馬鈴薯　148
義式麵疙瘩-玉棋　150
香煎馬鈴薯絲餅　152
炸薯條　154
馬鈴薯泥　156

魚類料理 Poisson　159

魚高湯　160
魚肉凍　162
魚湯　164
油漬馬鈴薯鯡魚　166
尼斯沙拉　168
醃漬鯖魚　170
炸魚薯條　172
焗烤鱈魚馬鈴薯泥　174
魚菲力佐白酒醬汁　176
香蒜蛤蜊義大利麵　178
白酒淡菜　180

禽類與蛋類料理 Volaille et œufs　183

雞高湯　184
香料奶油雞胸肉　186
藍帶雞排　188
巴斯克燉雞　190
黃檸檬燉雞　192
鴨心佐馬鈴薯　194
魔鬼蛋　196
佛羅倫薩菠菜溏心蛋　198
紅酒醬汁水波蛋　200
西班牙馬鈴薯烘蛋　202
蘑菇蛋捲　204

豬肉料理 Porc　207

法式洛林鹹派　208
卡波那拉蛋黃培根義大利麵　210
法式烤蕃茄鑲肉　212
獨門香料香腸　214
香烤豬肋排　216
法式蔬菜燉肉　218

小羔羊料理 Agneau　221

燴小羔羊　222
香料果乾小羔羊　224

牛肉與小牛肉料理 Bœuf et veau　227

牛高湯　228
法式白醬燉小牛肉　230
馬倫戈燉小牛肉　232
芥末醬小牛腎　234

鄉村蔬菜燉牛肉　236
勃艮第紅酒燉牛肉　238
薯泥焗牛肉　240
波隆那肉醬麵　242

乳製品食譜 Crémerie　245

法式起司鹹泡芙　248
起司舒芙蕾　250
法式焗烤起司馬鈴薯　252
英式蛋奶醬　254
法式漂浮島　256
卡士達醬　258
法式布丁塔　260
優格蛋糕　262
香堤伊奶油（泡芙）　264
焦糖烤布丁　266
焦糖烤布蕾　268
法式吐司　270
義式奶酪　272
法式米布丁　274

水果食譜 Fruits　277

蘋果夏洛特　278
反轉蘋果塔　280
烤蘋果奶酥　282
法式炸蘋果甜甜圈　284
法式洋梨塔　286
柳橙舒芙蕾　288
法式火焰橙香可麗餅　290
蛋白霜檸檬塔　292
草莓帕芙洛娃蛋白餅　294
焗烤水果沙巴雍　296
法式烤水果布丁　298

巧克力食譜 Chocolat　301

巧克力豆餅乾　302
巧克力布朗尼　304
巧克力慕斯　306

索引與食材產季月曆　309

食材索引　310
法國春天當令的蔬果　315
法國夏天當令的蔬果　319
法國秋天當令的蔬果　324
法國冬天當令的蔬果　329
當季漁產品指南　332

專業詞彙　336

CHARLES TOULZA

查爾斯・圖爾扎

攝影師、插畫師、大師課共同製作人

SIMON BAUDOIN

廚房助手

JULIE SOUCAIL

造型師

PHILIPPE ETCHEBEST

菲利普・埃切貝斯特

主廚兼作者

RACHEL CANN

公關經理

HUGO DELMOTTE

攝影師與後製

ROMANE CHAUVIÈRE

文字編輯

MÉLODIE TUQUET

文字編輯

編輯的話

長久以來，我們一直在思考，菲利普·埃切貝斯特（Philippe Etchebest），一位從小在廚房長「大」，並經過多番磨練而成為在法國舉足輕重的「大」廚，如何才能將自己的手藝傳承下去？

身為法國美食界的領軍人物，對當代人擁有怎樣的責任？

對新一代該傳授什麼？又該為後代留下什麼？

吃得好且吃得巧，已是現代人不容忽視，且積極參與的議題。但面對充滿變革的世界，我們該提供給大眾哪些飲食與烹飪建議，才能與時俱進，應對當今和未來的挑戰？

為了應對這一挑戰，我們在此建立了一個完整學習計畫：

- 構思能將時間、購物、廚房食物儲藏櫃、整個廚房，更有效組織的方法；

- 列出經濟實惠、使用易於取得的食材、能應對各個時令的食譜；

- 與法國最優秀的製造商合作，篩選和開發對高效率廚房不可或缺的設備；

- 甚至在網路上可看到我們製作的影片，詳細展示每個技術動作。

當《大師的料理課》第一版於法問世時，我們從讀者大量的評論中意識到，這一切的努力並非徒然：愈來愈多的人開始使用本書、觀看我們的網路影片、選擇合適的設備。

一直以來，我們傾聽讀者的意見並保持自我批判。在搜集了多方建議並加以整合後，新版本增加了十七道新食譜（包括必備醬汁的章節）、兩個新法則，以及食材選購指南。

無論您住在大城市還是鄉村、家裡配備有小廚房還是大廚房、時間緊迫還是整天有空、預算有限還是充裕、是獨自一人居住還是有眾多家庭成員、是初學者還是專業廚師，在此，感謝各位讀者的回饋和支持。

查爾斯·圖爾扎 Charles Toulza

我們平均每天花一個多小時在廚房裡，無論是煮飯、洗碗、還是打掃。
這聽起來很花時間，沒錯，很多不下廚的人會說「因為我沒有時間」。

的確，在步調緊湊的日常生活中，時間永遠不夠用。
但這不該成為阻礙我們下廚的藉口。

除了時間以外，金錢則是另一個障礙。當我們花費在飲食
的預算愈來愈少時，就愈來愈難吃到優質的食材。

要怎麼做，才能讓飲食不對健康造成負面影響？
如何改善廚房，讓下廚更有效率？

如何規劃飲食，使我們在相同預算的限制下，吃得巧且吃的好？

本書第一部分，將帶領你探索十五個「料理法則」，並探討以上問題。
你會發現，掌握了正確的方法，將能讓你事半功倍。

La méthode Mentor

我 的 料 理 法 則

整理冰箱

如果想要改善廚房環境,就該先從整理冰箱下手。冰箱中儲藏了許多珍貴的新鮮食材,必須要快速分類,將食材存放在正確的位置,以保持其最佳狀態,並使你更容易掌握冰箱裡的食材,避免浪費。

開始前：收好不必要的器具

請確保自己處於精神專注的狀態，因為我們必須花一個小時在這個任務上。建議在頭腦清醒的早晨，且冰箱較空的那天進行。遠離電視等讓你分心的事物，讓自己能心無旁鶩不受到任何干擾！最後，把廚房任何會妨礙你的器具收好，因為我們要開始清空整個冰箱。

 注意，在此我們只進行冷藏室的整理，先不管冷凍庫！因為冷凍的食物一旦解凍，就不能再冷凍了。我們稍後會在其他法則，說明如何管理食材。

第一步：開始分類！

逐一檢查食材，將無法食用或過期的食材馬上丟棄（你或許會驚訝於其數量遠超乎你的想像），並將保留的食材放在料理台上。如果覺得東西太多需要花較多時間檢查，可以把較脆弱的生鮮食材，放在可攜式小冰櫃裡保鮮。

第二步：現在，開始清潔冰箱

把冰箱內的配件，例如隔板、抽屜、門上的隔層架……全部取出。參照第41頁〈法則十〉的配方，混合水與白醋清潔冰箱配件後，再以水沖乾淨。最好每個月都清潔一次。利用等待配件乾燥的時間，好好清潔冰箱內壁，將油垢及水分充分擦拭。之後再將配件放回冰箱歸位。

第三步：著手整理

不用多說，現在是落實好習慣的時候了！為了要更佳保存食材，並避免浪費，請一定要注意下面五個小撇步：

① 去除不必要的塑膠或紙類包裝，這些包裝不但可能帶有病菌，且佔空間，並導致冰箱效能變低，使冰箱更耗電。

② 不要把冰箱塞得過滿，應保持食材間有空間讓空氣循環，這麼做也能讓你對冰箱的內容物一目了然。注意，有些常溫保存的食物，例如保久乳，開封後才需放於冰箱。沒必要將整提未開封的保久乳放在冰箱裡。

什麼是有效日期？

為商品的食用期限，通常以「在……之前食用」標示。適用於易腐且需冷藏，對溫度敏感的食品（如優格、肉類、魚類……）。當然，應該遵守這個日期，但有效日期制定的標準非常嚴格。因此，如果產品在最佳條件下保存，你仍可在有效日期後的幾天內食用。不要因為優格過期一天，就將其丟棄！

③ 雞蛋、還沒熟透／對溫度不敏感的蔬果、調味料（醬汁、芥末……）、飲料、果醬果泥，除非是已開封，不然沒必要放在冰箱裡。

④ 在冰箱內擺放食品時，記得要依保存期限調整順序，將較快到期的食品，放在外層，而具有較長保存期的食品，放在後方靠近冰箱內壁處。

⑤ 在將食物放入冰箱前，必須確保食物已充分冷卻，以避免冰箱消耗太多能源。這除了省電費以外，也是為了地球著想。

第四步：調整冰箱溫度控制器

最後，我們要進行冰箱溫度的調整。在冰箱最冷的那層，放入一杯水跟溫度計。這個方式，會比直接將溫度計放入冰箱測量還要準確，因為一般的溫度計，只能測量液體溫度，而非周圍空氣的溫度。等待30分鐘後，溫度計的顯示溫度應為攝氏0到4度。如果顯示溫度太高或太低，那就調整冰箱溫度控制器的設定，直到到達此目標溫度為止。

隨著季節的更替，時不時以此法確認冰箱溫度。有可能夏天要將冰箱溫度控制器設定強一點，冬天則可調弱一點。準確調整冰箱的溫度，可避免不必要的能源浪費。

恭喜，冷藏室的整理終於結束了！這可是邁入專業廚房的第一步。請意識到冰箱內所有物品都具其價值，不應浪費。遵從以上的規則，能讓你更輕鬆地管理冰箱，使日常生活更加方便。請盡你所能，杜絕浪費！

如何知道冰箱哪部分溫度最低？

在第十三頁，最冷處為最高處，愈低處，溫度則愈高。注意，也是有例外的情況，例如有些冰箱溫度最低處為中間。可查閱購買冰箱時附的說明書，或直接使用溫度計測量。

 如何得知食材需不需要放冰箱保存？很簡單，只要想想在大賣場購買時，這些食材在貨架上是如何存放即可！

保存食材的小竅門

將大塊的肉或魚放入容器前（最好是玻璃容器），先刷上芥花油等中性油。新鮮軟式起司（如希臘菲達乳酪或莫扎瑞拉奶酪），則是用橄欖油。讓香草植物、生菜沙拉或脆弱的蔬菜保持鮮度，則可將它們放入大量冷水中並置於冷藏庫。

常溫區域

說穿了，就是冰箱門上的置物空間！此區優點為方便拿取、一目了然。食材收納的方式，則遵守冰箱擺放規則，奶油放在上層冰箱溫度較低處，至於調味品、醬料、開封的果醬等，則放在下層（冷藏室低溫區）。已開封的牛奶與飲料，也是放在此區，方便拿取。

冷藏室最低溫區

在這邊儲藏對溫度最敏感的食材，例如生肉、生魚、生的海鮮、以及任何含鮮奶油、乳製品、起司。別忘了，壽司、美乃滋蛋沙拉、俄式馬鈴薯沙拉……等含有生食或乳製品的料理，也該存放在此區。

冷藏室低溫區

在此區放置熟食，例如剩下的飯菜、完全煮熟或即將要吃的食物，以及買來的熟食（甜點等）。

另外，像香腸等肉類加工品、魚乾……等水分含量少的食物，以及酸黃瓜、油封鴨、油漬鯡魚……使用醋或油脂保存的食物，這些食物在製成後利於保存，因此也建議存放於此區。

蔬果保鮮櫃

這是冷藏室裡，最不冷的地方，主要用來儲藏熟透或較脆弱的蔬果。注意，蔬果即使保存在冰箱裡，還是該盡快食用！建議在收納時，將水果與蔬菜分成兩類收納，這樣需要時，比較方便尋找。

收拾 雜物

現在，我們已經備妥了名副其實的「冰」箱，接下來，該著手於廚房的規劃了。沒有人想在髒亂、充滿不必要物品與食材的環境下工作。只有在井然有序的廚房，才能高效率的工作。在第二個法則，我們將要分類、丟掉會阻礙我們日常生活的多餘物品，並將保留下來的東西歸位至適當的位子。

我不得不說，這一步，可能是這個法則裡最難的一部份，因為要花費些時間與精力。但我能保證，這一步能讓廚房換然一新，並讓你的日常生活更有效率。概念如同我們在〈法則一〉所強調的，但不僅是冰箱，而是整理整個廚房，這也是為什麼比較花費時間的原因（大概需要半天）。請預留足夠的空間，因為我們將要把所有的東西都拿出來，包括：你的烹飪設備、廚房用具、鍋碗瓢盆、食物櫃裡的東西、書籍、寵物、拖鞋，沒錯，所有的雜物！之後，我們就可以開始了。

第一步：擺脫不必要的雜物

好好檢視你擁有的東西！只留下必要的東西，對不必要的雜物進行斷捨離。要知道，廚房東西愈多，便愈難整理。

每個人的廚房抽屜，一定都有些莫名其妙的雜物：三年前姑姑從秘魯旅行帶回來的一瓶油、剛搬家在促銷時買的香蕉去皮器……現在是時候把它們處理掉了。保留下來的食物及物品，必須符合以下三個標準：

① 所有變質（發霉、受潮，或其他可疑跡象），以及不宜食用的食物，都不該保留。

② 保留下來的廚房用品，應處於狀況良好（或可維修），且真的實用：建議你查看〈法則四〉與〈法則五〉，其中的廚房必備用品清單。在斟酌用品是否實用時，建議問問自己「最後一次使用此物品，是什麼時候？」。如果連你都記不清最後一次使用該物品的時機，那就代表該物品實用性很低……

③ 保留下來的鍋碗瓢盆，也應處於良好的狀態。是時候捨棄藏在櫥櫃深處，你一輩子都不會用到的碗盤，或是有裂痕又沒把手的馬克杯了。捨棄用不到的東西，能讓你感覺更舒坦、更正向！

第二步：將物品分類

將廚房裡的物品逐一檢視，放置到適合的地方。這是很重要的一步，廢話不多說，我們開始吧！

垃圾袋

把不需要的東西丟入垃圾袋，千萬不要捨不得，而在最後一刻又把丟入垃圾袋的東西撿回來！垃圾袋是不透明的，可有其原因：防止你回心轉意。別因丟棄東西而跟自己過不去，我保證，過了兩天，你自己都忘記當初丟掉什麼了。

紙箱

把能捐贈，或能轉賣的器具放入紙箱。畢竟，之後以更全面的角度評估廚房時，你或許會發現有些必須購買的器具。轉賣非必需用品的錢，能夠作為添購必要器具的資金，也能讓你更有動力收拾整理。

食材儲放區

請好好檢視廚房內所有的食材。你會意外的發現，很多食物已經超過保存期限很久了！

廚房用品區

將所有的料理用具都放在一起。至於哪些東西該保留，可查看法則四，了解哪些料理用具是必要的。

烹煮用具區

將所有跟烹煮，例如平底鍋、單柄深鍋、燉鍋……等，任何會使用於爐台上加熱的用具，都放在此區。同理，可查看〈法則四〉，了解哪些烹煮用具是必要的。

清潔用品區

所有餐具跟清潔有關的物品該放在此區。可查看〈法則十〉，了解哪些清潔用品是必要的。至於餐具，是時候進行抉擇了，想想你希望餐桌上使用什麼餐具，只保留你喜歡的餐具。

第三步：年度大掃除

到這一步，你的廚房應該看起來就像剛交屋的房子，任何抽屜、層架、櫥櫃都是空的：現在正是好好清潔的絕佳良機。參照〈法則十〉的配方，混合水與白醋，以海綿清理抽屜、層架、櫥櫃內外。之後使用清水擦拭，最後使用乾淨的抹布擦乾表面。

相信我，我們已經把最難的一步執行完成了。好消息，將保留下來的東西歸位後，你的廚房不但整齊乾淨，而且更有機能性。

好，廢話不多說，讓我們進入第三個法則吧！

什麼是賞味期限？

為商品可保持最佳品質的期限，通常以「最好在...之前食用」標示。常見於乾貨和飲料。過了賞味期限，產品仍可食用，但會失去營養和味道。因此，即使還可以保存，也應盡早食用。

妥善安排廚房空間

在本法則，我會提供許多有用的資訊，讓每個人都能找到最適合自家廚房的配置。並告訴大家如何更佳地利用廚房的每個區域，使下廚更有效率。加油，我們快完成了！

開始前：分出四個區域

每個廚房都不一樣，有大有小、有無中島、有無抽屜與層櫃……總之，每個廚房都有各自的佈局。但不管是怎樣的配置，都可將廚房分割為四個區域。最佳的狀況，是讓我們的家用廚房能像專業廚房一樣，符合下述衛生準則。

我先解釋一下，在專業廚房，為了避免廚師走動於乾淨與非乾淨區域，造成交叉感染，故廚房配置是按照食材存放到客人的餐桌，這個路徑而進行相對應的安排。

為了讓自家廚房，也能套用專業廚房的衛生準則，我們必須將廚房依序規劃為四區：食材區、洗滌區、備料區、烹調區。

在分配區域時，必須考量到廚房內既有冰箱、水槽、烹飪器具等的位置，所以每個人的廚房，區域的配置都會不太一樣。

第一區：食材區

此區為放置〈法則二〉中食材存放區的食物，也就是食物儲存櫃。包含鹹食與甜食材料、雞蛋、以及不用放在冰箱保存的蔬果。

將食物儲存櫃設置在最靠近冰箱的櫥櫃或層架，使其與冰箱在同一區，讓所有的食材集中於一處。這個配置，能讓找尋食材的過程更加便利，也能讓我們在製作食材採買清單、收納食材時，更有效率。

櫥櫃或層架收納時的建議：

◉ 將水果放在觸手可及的地方，例如水果籃裡面。如此一來，就能更佳地辨識水果的成熟度，並在嘴饞時，優先選擇水果而非其它甜食。

◉ 相反的，甜食、餅乾、零食，則放在櫥櫃最難拿取的深處。

◉ 蔬菜應放在不受太陽直射的陰涼處。

◉ 鹹食與甜食材料（乾燥麵條、米、白糖、麵粉），建議放置於密封且透明的玻璃罐中（如果空間不足，請選擇可疊放的款式）。這麼做有許多好處：透明的玻璃罐讓你能一目了然所有材料的使用狀況、密封的容器能保護材料不受潮、不用再保留材料的外包裝，能節省更多空間。

 如果廚房很小，無法將四個區域依序規劃，也沒關係。請將本法則作為參考，並依照自家格局進行調整，找到最佳的佈局。

如果你珍藏了非常名貴的餐具與器皿，我相信除非是重要場合，不然日常生活你將很少使用到。這些非日常生活使用的餐具，應放在特別的櫥櫃裡，在法國，這些櫥櫃稱為« vaisselier » ou le « buffet »，主要放置於餐廳。

至於鹽、胡椒、烹調用油，則應放置於「烹調區」而非此區，我們稍後會進行說明。

第二區：洗滌區

在專業廚房，洗滌區是專門用來清理食材、蔬菜，去除魚鱗與魚內臟……等的區域。在家用廚房，則有點不同，洗滌區除了處理食材外，也當作洗碗槽使用。洗滌區應設置於水槽或洗碗機附近。〈法則二〉裡提到的清潔用品與餐具，也該收藏在這區。將餐具放置於洗滌區附近的櫥櫃，可讓每天洗好的碗盤餐具，收納起來更輕鬆。

注意：為了讓清理更容易，不要在水槽周圍擺放物品。

清潔用品與食材，應該分開存放。如果家裡有幼兒，應將清潔用品放在高處。垃圾桶亦設置於此區，在爆滿或發臭前，就該清空。垃圾管理是一門學問，要知道，當垃圾桶愈大，就愈容易被塞滿，而我們卻愈懶得把垃圾拿去丟。履行垃圾分類，並避免購買過度包裝的產品，將能幫助減少垃圾量。

第三區：備料區

此區為工作台，也就是放砧板的地方。在這裡，我們要進行烹煮前的一切步驟，也就是備料。此區絕不能雜亂無章，必須保持淨空，讓你無論何時都能有效率地工作，也利於清潔。將刀具、鋼盆、量秤、均質機等用具，放在此區附近，因為備料區，是進行料理時，花費最多時間與精力的地方

如果廚房很小，沒有足夠空間設立工作台，最簡單的方法，就是將夠堅固的砧板，架在水槽上，當作工作台進行備料。理論上，當我們備料時，食材應該都已經洗乾淨了，所以可在暫時用不到的水槽上，設立臨時工作台。

第四區：烹調區

就如各位所預料的，爐台、烤箱、微波爐……等，都屬於烹調區。

在此區，應把〈法則二〉提到的「烹煮用品區」中的器具整理好：靠近爐台的空間，只用來收納日常使用最頻繁的器具，如深鍋、平底鍋、炒鍋、篩網、燉鍋等……烤盤則是放置於烤箱旁。

小工具，則是固定收納於一處，請善用收納盒、抽屜隔板，或實用的壁掛架。

與水槽一樣，每次烹飪時，爐台附近都會被濺出的油污弄髒，因此不要在爐台附近擺放任何東西，以方便清潔。

如果各位能實踐到這一步，請為自己感到驕傲，恭喜你！看看你的廚房，現在變得如此乾淨、整齊、使用起來實用又方便！本法則所提供的規劃方式，將改變你的日常生活和烹飪習慣，讓你更加享受烹飪的過程，並提高效率。但請注意，必須時時記得本法則，並於日常生活中實踐。別擔心，現在一切都各就各位了，不必再進行大規模的整理⋯⋯只要記得把用過的東西，放回原處就可以了。

如何收納烹煮器具？

極少使用的烹煮器具，例如冬天久久才吃一次的起司火鍋等鍋具，不該放在烹煮區。由於很少使用，故應將其收納在不易觸及的地方。

下廚必備的**器具**

經常有人詢問我在廚房裡使用哪些器具與設備。的確，少了必備的工具，往往會在烹調的過程中遇上障礙或困難。因此在本法則，我條列一張清單，以幫助各位了解哪些器具是必要且無可取代的。你會發現，下廚其實不需要那麼多用具，回歸基本，使用必要的即可。

刀具

對廚師而言，刀子可說是雙手的延伸。讓我們先打破刻板印象並釐清事實：市面上常看到成套販賣的刀具，但老實說，當套組裡的東西愈多，往往品質愈差。不如將錢花在刀口上，投資高品質的下述三種刀型。

另外，與先入為主的觀念相反：愈利的刀，愈不容易切傷手。因為使用不鋒利的刀具時，往往切菜時過度用力，導致刀刃滑動，反而更容易出現意外。

萬用小刀

這種小型刀，刀刃短、刀身具有厚度，非常萬用且容易掌控。主要使用其刀尖，用於細部切割。

法式魚片刀

名副其實，魚片刀非常適合用於切魚片。此外，由於其刀片細長且富彈性，亦可用於削皮和去除肉和禽類的筋膜。為這三把刀中，技術性最高的一把，在處理肉類和魚類時不可或缺。其長型刀刃，能將肉類切成美麗的薄片。

法式主廚刀

刀刃寬厚堅硬，非常適合用來將蔬菜切成特定大小：細絲、小粒、粗絲、塊狀……其弧形的刀刃，使將香料植物切末以及食材切片的操作更為便利。

磨刀棒

多數人都不知道，其實刀子的刀刃是非常脆弱的。如果沒有使用磨刀棒維持，隨著使用次數增加，刀刃將磨損而不再鋒利。我常提醒大家：保持菜刀的最佳狀態其實很簡單，只要在每次使用刀子前使用磨刀棒即可，當料理過程中需要頻繁使用刀子時，也應在料理過程中使用磨刀棒。這個好習慣，能延長刀具的使用壽命。

鋸齒刀（麵包刀）

雖然法文稱作麵包刀，但多虧了刀身的鋸齒凹槽，除了切麵包外，也很適合拿來進行較為精細的作業，例如裁切蛋糕體或是千層酥皮。鋸齒刀刀身往往很長，且鋸齒形狀的刀刃相對較不容易受到損壞，故亦可用來進行較大且硬皮食材的去皮作業，例如鳳梨、南瓜、哈密瓜……等。

蔬果削皮器

我本身習慣使最經典的款式，操控性好、尖端可進行多項作業、且耐用持久。當然，每個人都有自己的喜好！除了削皮外，亦可使用於帕瑪森起司、巧克力、非洲椰子的刨花作業。

砧板

究竟是木頭材質還是塑膠材質的砧板較好，是一直以來引起爭議的話題。我個人偏好使用大型木製砧板；第一點，木頭裡的丹寧具有抗菌作用，第二點，我不想吃到塑膠砧板掉下來的碎屑。木製砧板非常怕水，因為水會損傷木材並使之扭曲……。因此每次使用後，必須立刻用水洗淨，千萬不能泡在水裡。建議使用廚房紙巾沾上中性油（例如杏仁油、葡萄籽油），塗抹於洗淨乾燥的砧板進行保養。在使用砧板時為了防止砧板滑動，可在砧板下方放置一塊布或是橡膠墊。

烹煮用具

刀具準備好了，現在讓我們來談談烹煮器具。如同先前刀具的挑選原則，烹煮用具選擇真的派得上用場的就好。我知道許多鍋具套組，會讓大家以為下廚一定要有五種不同大小的平底鍋和深鍋，但事實並非如此。請放心，透過投資合適且品質好的鍋具，就能事半功倍。如同其他法則，鍋具的挑選，必須重質不重量！

為了掌握大方向，必須了解烹煮模式可分為四種。而每種烹煮模式，都有其對應的鍋具。

水煮或蒸氣烹調

水煮為最單純的烹飪方法之一，例如 "pochage à l'anglaise英式煮法"，指的就是在沸水中烹調食材，幾乎每個人都使用此法烹煮義大利麵。這種加熱方式，唯一的要求就是「水要能沸騰」。只要鍋具能符合這個要求，就夠了。為此，需要一個厚底的鍋子；辨識鍋子是否為厚底的方法很簡單，只要看鍋子底部，是否有突出的厚度，此厚度就是厚底夾層。鍋底是負責導熱的部分，至於鍋壁，則多為容易保養與清洗的不鏽鋼，雖然導熱較差，但鍋壁不直接與火源接觸，所以沒關係。

直徑24公分的深鍋

其鍋底寬度與高度相同，故容量很大，能提供大量的烹飪空間。沒錯，當我們需要烹煮大量食材時，就是它出場的機會了！適用於燉煮的食譜，例如法式蔬菜燉牛肉，也適合需要在大量水裡烹煮的新鮮義大利麵。它是你烹煮多人份大量食材的好夥伴。

直徑24公分的蒸籠

蒸籠必須放在深鍋上使用，使用水蒸氣帶來的熱能烹煮食物。比起水煮，使用此法料理蔬菜，更能保留食材原本的風味與營養成分。因為水煮，會多多少少使食材的營養成分融入水中而流失。

直徑24公分的鍋蓋

想必你已經發現，這邊建議的單柄深鍋、深鍋、蒸籠，都是同樣尺寸。沒錯，因為這三個烹調用具，都是最常需要使用鍋蓋進行燉煮。鍋蓋能保溫，並使鍋內液體沸騰速度加快。

精細烹調

選購進行精細烹調的鍋具時，所需的預算也較大。因為整個鍋具必須能均勻地傳導熱量，不僅是鍋底，還包含側面鍋壁。否則，可能表面看不出來，但鍋底卻燒焦了……銅的導熱性首屈一指，但非常昂貴，且不適用於所有爐灶（譯註：例如電磁爐）。因此，建議選擇整體材質為鋁包覆不鏽鋼，多層材質的鍋具，而非導熱材料僅位於底部的厚底夾層鍋具。使用多層材質的鍋具，即使是製作焦糖也變得輕而易舉。

直徑24公分的炒鍋

炒鍋形狀介於平底鍋和燉鍋之間，比燉鍋更寬，比平底鍋更大，是多功能的烹飪工具之一。如同鍋具界的四輪驅動車，從蔬菜翻炒、燉煮菜餚、悶煮，都能應對自如。

兩個不可或缺的平底深鍋：直徑16公分與直徑20公分

小直徑16公分的平底深鍋可用來濃縮醬汁、融化巧克力、製作焦糖醬……至於較大直徑的20公分平底深鍋，用途更廣。其鍋身比炒鍋高，可用於炸食物

或製作糖漿，且適合在處理中等份量食材時，取代大燉鍋。

以高溫烹調

在炙燒與煎烤肉類時，必須以極高的溫度進行，以在短時間內將肉類外面的形成一層焦糖色的外皮，將所有的汁液鎖在中心。高溫烹調主要用於肉類，但在某些蛋類料理、煎可麗餅時，也會用到。

直徑28公分的平底鍋

沒錯，一個好的鋼質平底鍋就足夠了！鋼材平底鍋一開始可能難以駕馭，而且有點重，但一旦習慣後，用來提升肉類風味或煎蛋效果最佳。更重要的是，鋼材幾乎堅不可摧，非常值得投資。和其他鍋具一樣，選擇把手為不鏽鋼材質的平底鍋，以便直接放入烤箱中加熱。

> **讓自己更輕鬆的小技巧**
>
> 如果覺得平底鍋和平底深鍋太重，提起時手腕感到不適，可試著把把手末端放在前臂下方作為支撐，這樣能省力許多。

以烤箱烹調

當然，有一個能調節溫度的烤箱是不可或缺的！製作鹹味菜餚很簡單：只需要三個大小與高度不同的模具，以應對不同製作份量的場合。至於烘焙甜點，則比較複雜。雖然在本書中我們使用可伸縮圓形塔圈和圓形壓模，來製作大部分的甜點。但某些點心，例如瑪德蓮或可麗露，則需要專門的模具，在投資前請先慎重考慮其使用頻率與自己的需求。

有深度的不鏽鋼大烤盤

為多功能烤盤，是製作家禽和烤肉等大型菜餚、千層麵和薯泥焗牛肉等焗烤菜餚的必備之物。亦可用於製作法布魯頓梅子糕（far breton）、烤奶酥等甜點。在選擇尺寸時，請選擇能放入家裡烤箱的最大尺寸。

法式凍派模／長型深烤模*

看到長型陶瓷製的烤模，大家往往會想到用於製作法式凍派等鹹食，但實際上，其寬且高的造型，也非常適合用來做法式布丁塔、烤麵包、烤蛋糕……甜點烘烤過後切片上桌，非常美麗。另外，當製作的菜餚份量較少時，可用來取代前段提到的不鏽鋼大烤盤。

＊譯註：形狀有如吐司烤模，但材質多為陶瓷。

直徑24公分的塔模

法語又稱為"tourtière"圓形烤盤。可放入各式各樣的塔皮或派皮（甜或鹹的塔麵團、千層麵糰……），來製作塔、法式鹹派、餡餅、蛋糕……甚至是披薩。至於材質，我推薦鍍錫鐵。當然陶瓷或玻璃材質的塔模，上桌宴請賓客時比較漂亮，但也相對脆弱。至於尺寸，請依據家中人數來選擇。

廚房用具

廚房用具之於廚師，就如畫筆之於畫家。但小心，稍不留意，廚房抽屜就會被一堆看似方便時髦，但卻根本派不上用場的小東西塞滿！我們現在就來看看，幾個實用的廚房用具。

容量50毫升的長柄勺

勺子有各式各樣之分，但這裡，我們談論的不是在餐桌用來分菜的大湯勺，而是談論小湯勺。一勺容

量爲50毫升，可在烹飪過程中進行精準的量測。如果需要加入100毫升的液體，只需加入兩勺卽可，並可直接用勺子進行攪拌。

木製鍋鏟與木製湯匙

木鏟與木湯匙密不可分。雖然兩者都可用來攪拌，但鍋鏟更實用，例如在用液體融化鍋底精華時（déglaçage），木鏟能有效率地刮取風味汁液。而木勺則多用來品嘗並調整調味。由於我們經常在爐灶上同時烹飪多道菜，所以擁有兩者會非常方便。

漏勺

因爲其勺面令人聯想到蜘蛛網，故在法文裡稱爲「araignée蜘蛛」。方便將水煮或油炸的食材從鍋中撈出，並確實瀝乾。

直徑23公分的錐形濾網

其形狀讓人聯想到中國帽子的形狀，因此法文稱爲「chinois中國」。是濾網，但用途更廣，除了排水外，由於其細密的孔，可以更好地過濾汁液和湯。其錐形外型，使我們可使用湯勺等工具擠壓內部。還有一種稱爲「chinois étamine極細錐形濾網」的工具，底部爲非常細密的鋼網，可進行更精細的過濾。順帶一提，將料理專用濾布，放在普通濾網的底部也可達到相同的效果。

直徑14公分的有柄濾網

在過濾小量食材時，使用小巧的有柄濾網會比錐形濾網便利的多。此外，有柄濾網還能用來撒糖粉，當作篩網使用。

甜點刷

比起市面流行的矽膠刷，請選擇木柄帶有天然絲毛的刷子，因其刷佈能力較好也較均勻。應在每次使用過後馬上清洗，絕對不能將其泡在水中。

剪刀

最後一個廚房用具，就是剪刀，雖然不一定每道菜都會用到，但在進行某些食材的處理時，非常實用便利！

讀到這裡，相信大家已經了解廚房裡哪些用具是必不可少的了。在此我必須聲明，下一個法則中，我們將討論烘焙甜點所需要的用具，且在烘焙甜點時，也會使用本法則所提及的用具，反之亦然。例如，鋼盆（cul-de-poule）不僅用於準備甜味可麗餅，亦可用來製作鹹味蕎麥餅麵糊，但考量到鋼盆主要跟製作甜點不可或缺的打蛋器一起使用，故被歸類在下一個法則中。現在我們馬上來看看烘焙甜點所需的器具。

鋼鍋與不沾鍋的比較

很多人覺得鋼鍋容易沾黏，而不沾鍋則非常便利。嗯，剛開始或許是這樣，頭幾個月，不沾鍋確實不容易黏附食材，但隨著時間的推移，表面的不沾塗層將會磨損，鍋底也開始沾黏，更糟的是，其脫落的塗層很可能出現在你所烹煮的菜餚裡並被吃下肚。更別提性價比了，不沾鍋並不便宜，且壞了就必須不斷買新的。另外一個重點，不沾鍋的塗層，根本無法承受本法則所提的高溫烹調。
至於鋼鍋，的確，第一次需要進行「養鍋」的步驟：初次使用前，先在鍋中溫熱油幾分鐘。然而，與會磨損的不沾鍋相反，鋼鍋愈用愈好用。因爲愈常使用，鍋子表面沾附的油脂，就愈能減少黏鍋的機率。

製作甜點必備的**器具**

在多數的餐廳，甜點部門是與廚房分開的：擁有自己的甜點師團隊，並有專門的甜點主廚負責甜點菜單。或許很令人意外，但我與甜點的因緣，從很久以前就開始了。在Chipiron，也就是我雙親的餐廳裡，我負責製作甜點櫃裡的甜點，之後參加的第一個餐飲選拔，就是法國最佳甜點師比賽。哎呀，我離題了，讓我們回到甜點器具這個主題吧。

準備過程需要的器具

多數的甜點食譜，開頭都很相似：「拿兩三個材料開始攪拌」。現在，就讓我們來聊聊攪拌時，需要的器具。

30公分長的打蛋器

打蛋器於甜點師，就如刀具於廚師。在製作過程中，進行攪拌或打發的步驟需要花費大量的精力，所以請不要吝於投資一把堅固、手柄寬大、握起來順手的打蛋器。市面上有多種形狀的打蛋器，但最經典的最萬用。投資一把好的打蛋器，能讓我們在烹飪與烘焙的過程中，如虎添翼。

直徑24公分的鋼盆

不要問我為什麼法文裡把鋼盆叫做雞屁股（cul-de-poule）！圓弧底部的造型，能讓攪拌混合等操作更加容易。當然，也可以用塑膠製的沙拉碗暫時代替鋼盆，但卻無法跟耐熱的鋼盆一樣，放在有熱水的鍋子裡進行隔水加熱了。鋼盆表面光滑，可和橡皮刮刀搭配得天衣無縫。

橡皮刮刀

本體材質為稍有彈性的矽膠，讓我們能輕鬆地將食材一滴不漏地完全刮除，減少準備過程中的耗損與浪費！另外，清洗起來也很方便。橡皮刮刀，或許是我唯一推薦的塑料廚房用具。

木製擀麵棍

擀壓麵團是製作糕點時至關重要的一步。除了用來擀壓麵團，沒有手柄的擀麵棍還可以當作杵，用來壓碎食材。除了木製擀麵棍，還有塑料與鋼製等選擇，但我更喜歡木製的手感。擀麵棍愈長愈重，就愈容易使用。

烤培過程需要的器具

就如同上一個法則所提到的，製作甜點的模具有很多種。例如想做可麗露時，卻沒有模具，嗯⋯⋯那就陷入窘境了。幸運的是，有很多甜點，使用下列的器具就能製作。

烘焙矽膠墊

一般大眾習慣使用烘焙紙或鋁箔，但還有更好的選擇，那就是烘焙矽膠墊。除了可重複使用，減少浪費外，還不會沾黏，可直接在上面冷卻焦糖、烘烤泡芙⋯⋯可與下面提到的烘焙模具組合，當成可拆卸的底部。至於尺寸，應與烤箱烤盤的尺寸相對應。

7至30公分可伸縮蛋糕模

與其櫥櫃被各式各樣的模具塞得滿滿的，不如選購一個可伸縮的模具。如此一來，就可根據麵團的大小、份數或備料的體積，隨心所欲地決定甜點的尺寸。圓形是最經典的形狀，亦可與切模搭配，製作多層蛋糕。

直徑8公分的切模

高4.5公分的鋁製款式是最常見的，適用於多數情況。可做為壓模將麵皮切割出圓形，也可做為小型蛋糕模具使用。請準備4個，將它們放在烤箱（或冰箱）的四個角落，您就可以架高一個層次，在上面擺置烤盤或烤皿，充分利用空間。

最後裝飾與擺盤

讓我們看看如何讓你的甜點看起來更誘人。

刨絲器

刨絲器不單單能磨碎巧克力，在製作鹹食時，也可用來將起司刨成絲。此外，在擺盤時，我常使用刨柑橘皮作為最後修飾，有時我也會在客人面前當場刨絲裝飾，讓客人留下深刻印象。

L型抹刀

其L型的設計，在進行蛋糕淋面或抹平表面奶餡時非常實用。亦可當成蛋糕鏟，用於移動蛋糕。

可重複使用的尼龍擠花袋

為了確保需要時，總是有擠花袋在手邊可使用；並避免丟棄式塑料擠花袋造成的垃圾，請改用可重複使用的尼龍擠花袋。不但更容易操作，且同樣實用。別忘了，將其尖端開口折緊，就能將內部填有餡料的擠花袋放入冰箱保存備用。

裱花嘴

市面上存在著各種大小和形狀的裱花嘴，有些還非常……譁眾取寵。因此，在此建議各位三種經典款式：一個14毫米圓形裱花嘴、一個裝飾時使用的10毫米星形裱花嘴、以及一個用於擠泡芙麵糊或在裝盤時做小點裝飾的6毫米圓形裱花嘴。這樣就足夠了！

甜點製作是一門講究精確的藝術

在製作甜點時，秤料和溫度至關重要。在好的食譜書（比如這本！），列出的配方重量和溫度都是經過測試的。如果能完全按照書上的指示操作，就沒有理由不成功。因此，我們要來準備用於進行稱重、測量溫度和計算時間的必要工具。

食品秤

食品秤能準確測量液體及固體的重量。請選擇具有「歸零」功能的磅秤，以增加準確度。至於精確性，以一克為最小單位即足夠。

探針溫度計

這是測量食材內部溫度的最佳工具——尤其是在煮糖的時候。測量範圍為20至220攝氏度的溫度計就非常夠用了。探針帶有耐熱連接線的溫度計能監控封閉烤箱內的烹飪狀況，在烹飪肉類時非常實用。

電動攪拌機

記得當年我還在餐飲學校唸書時，實作課所有操作都僅使用人力。現在當然也可只用手工製作。但如果有了電動攪拌機，將會幫上大忙，讓製作的過程更輕鬆。不過，如果家裡沒有電動攪拌機，也不應以此為藉口而不去嘗試製作甜點！鍛鍊一下身體也不錯呀。

在家做料理，需要什麼布製品？

嚴格來說，布製品並不能算是廚房設備，但在開始下廚前，我們必須討論廚房擦手巾和圍裙。在專業廚房中，服裝標準為專業廚師服與廚師褲，這些服裝專門為整天在廚房的工作者設計，能讓工作更整潔有效率。但在家裡，就不需要這麼嚴謹。捲起袖子、洗淨雙手，如果有頭髮散落的話，把頭髮綁好，使用適合家庭烹飪需求的設備即可。

圍裙

圍裙能保護身體和衣服不被飛濺物濺到。請選擇易於清洗，長期使用也不會磨損的優質布料。別忘了，圍裙也是防止燙傷意外的第一道防線。

廚房擦手巾

在專業廚房，我們將擦手巾當作一般家庭的隔熱手套使用。將擦手巾掛在繫於腰部的圍裙繩上，與慣用手同邊（例如右撇子是右側）。烹飪時，方便隨時可以拿起熱的菜和鋼鍋鍋柄。另外，也會用來擦拭手部和清潔潮濕表面。

每個出餐期間，不免會用髒一條擦手巾，因此建議準備至少兩條擦手巾，才能確保始終擁有一條乾淨的能使用。至於材質，愈耐用愈耐磨損的愈好，故此我不推薦純棉材質，因為純棉材質磨損得較快。最好是純亞麻材質，但也比較貴。建議選用棉與亞麻混紡的布料，非常耐磨。

廚房必備的
鹹食材料

本法則的宗旨為，規劃且建立一個多用途的食物儲藏室，包含能製作各種食譜的常用食材。以此簡化每天的烹飪過程，避免為了採購缺少的食材而出門購物。讓我們從鹹味食譜中最常用的基本材料開始。當然，這份清單只是協助你有個基本的概念，並非詳盡無遺，需根據個人口味喜好和體質（乳糖不耐症、麩質不耐症、過敏）進行調整。

義大利麵：誰能沒有它？

當然可以自己製作義大利麵，在本書第86頁有新鮮義大利麵的食譜，有機會一定要嘗試看看。但在下廚時間不充裕的晚上，以下為市售義大利乾麵的建議：優先選擇成分含有新鮮雞蛋，較美味的乾燥義大利麵，或營養價值較高的全麥麵條。至於麵條的形狀，建議選擇三種不同類型的麵條，不同類型適用於不同場合。當然，在烹飪時，可發揮創意，隨意在同一類型的麵條中進行粗度等變換。

長型義大利麵

長型義大利麵有各式各樣的類型，除了最常見的直麵（spaghetti），還有鳥巢麵（tagliatelle）、長型扁麵（linguine）……在這邊我們並不細談麵條和醬汁的搭配細節，畢竟連義大利人也對此意見不一。在本書，我們使用長型麵條製作香蒜蛤蜊義大利麵（p. 178）、卡波那拉蛋黃培根義大利麵（p. 210）、波隆那肉醬麵（p. 242）。

短型義大利麵

直管麵（penne）、蝴蝶麵（farfalle）、通心粉（macaroni）、貝殼麵（coquillette）……這些都歸屬於短型義大利麵家族。使用時，不妨隨性變換使用的類型，增加烹飪的樂趣。吃剩的短型義大利麵，很適合拿來做焗烤。

千層義大利麵

形狀為一張張的麵皮，在製作千層麵（p. 144）時，具有不可或缺的角色。此外，也很適合將剩餘的燉菜等食材包入其中焗烤。如果是自製新鮮義大利麵，將麵團擀薄後，能用來製作義大利餃，例如蘑菇義式麵餃（p. 134）。

每人份，需要準備多少義大利麵？

每人每餐應準備80至100克的麵條。如果是單獨當主菜，可增加到125克。也就是說，1公斤的麵條，約可以製作8到12人份。

全球糧食的基礎：米

米是世界上使用最廣泛的食材，平易近人的價格使其成為不可或缺的主食。在法國，以圓形的卡馬格米（Camargue）為主，但在世界各地，存在著不同品種的米，其形狀和顏色皆不盡相同。此外，製作不同的食譜，適用的米也不同，例如：義大利燉飯用米、西班牙海鮮燉飯用米、壽司米……在這裡，我們將介紹幾個用途最廣的米。

長米

可與熱食搭配享用，亦可涼拌在沙拉中。在本書第114頁香料飯的食譜中，就是使用長米。長米有許多種類，且每種別具特色（印度巴斯馬蒂香米、茉莉香米、蒸穀米……），能為你的菜餚增添風味。

圓米

圓米可再依品種細分為義大利燉飯用米、壽司米、圓糯米。比起長米，其吸水性高，澱粉含量亦較高，因此外觀看起來光亮，就像法式米布丁（p. 274）中使用口感柔軟的甜點米；在義大利燉飯（p. 112）中使用的燉飯米，則和壽司米一樣具有黏性；最後，糯米的黏性最高。

每人份，需要準備多少米量？

米的計算，比義大利麵簡單多了：每人份為一小杯米；50克的乾米相當於100至150克熟飯。因此，1公斤的米，約可製作20人份！

營養均衡豐富且健康的乾豆

乾豆類愈來愈受歡迎，是膳食纖維和植物性蛋白的來源。這些豆類富含礦物質，尤其是鐵和維生素。因此，何不養成吃豆類的習慣，讓自己的飲食更多元呢？

乾豆

在法國，超市裡販售各式各樣的乾豆（例如四季豆乾豆les mogettes, les flageolets, les lingots...），烹飪過程並不複雜，但必須在使用前泡水至少十二小時。在本書中，使用乾豆來製作白扁豆沙拉（p. 110）與法式燉白豆（p. 116）。

鷹嘴豆

鷹嘴豆使用起來相對簡便，只需要泡水一個半小時即可。可用來製作沙拉、濃湯、豆泥、薄餅。在本書中，使用於蔬菜北非小米飯（p. 146）。

綠小扁豆

不需要事先浸泡，且烹飪時間短，非常容易準備。富含豐富的膳食纖維，且全年在超市都買得到。本書使用於中東塔布勒沙拉（p. 106）與綠小扁豆沙拉（p. 108）。

番茄

在市面上，我們可找到各式各樣的番茄加工產品。切碎、去皮、醬汁、調味醬料、濃縮番茄糊⋯⋯番茄以各種形式出現在食譜中。建議單純地擁有一罐好的番茄醬汁，能自製更好。另外還可考慮濃縮番茄糊（前提是不含太多鹽和糖）。其他類型的番茄產品，老實說，自己也能製作。

番茄醬汁

沒有什麼比自製的番茄醬汁更美味了！作法很簡單，只需將番茄入鍋加熱去除水分，使之濃縮，並根據個人喜好調味即可。如果購買市售番茄醬汁，請選擇含有80%以上番茄成分的產品，並盡量避免含有其他添加物。有了高品質的番茄醬汁和一個好的新鮮義大利麵麵團食譜（p. 86）或披薩麵團食譜（p. 92），我保證您不需要添加太多配料就能享受番茄本身的滋味。

廚房必備的
甜食材料

我們不浪費時間，直接切入正題，討論廚房所需的甜食材料。其宗旨為讓食物儲藏室能萬事俱全，在想要製作甜點時，只要購買牛奶、蛋等生鮮食材即可。

製作甜點最常用的原物料

麵粉、糖、玉米粉，就如同甜點界的三劍客。無論是單獨還是互相搭配使用，都是多數甜點製作中不可或缺的原物料。在本書81至83頁，我們將會更詳細的討論這些原物料。

麵粉

我們在此討論使用最廣泛的小麥麵粉。在法國，麵粉以T後面跟著一個數字來分級：T45、T65、T100……數字愈高，麵粉精煉程度愈低，稱爲「全麥麵粉」；全麥麵粉保留了較多的纖維和維生素，但難以操作。數字愈低，則麵粉精煉程度就愈高，也愈容易操作，但其營養價值只剩下碳水化合物。當然還有許多其他種類的麵粉：玉米粉、黑麥粉、栗子粉、米粉…有些還可爲菜餚帶來獨特的風味。

糖

製糖產業的發達與食品加工業的濫用，導致我們從小就對糖上癮。過度攝取會危害人體健康，但無論如何，在甜點裡，糖以各式各樣的形式出現。

糖有多種類型（白糖、黃糖、蔗糖……），並以不同形式存在（糖粉、冰糖、糖漿……）。確實，一開始可能很難選擇。

簡單而言，要記住在甜點中，普遍使用白糖，原因與T45麵粉相同：這樣更容易混合。至於糖粉，則多用於裝飾甜點。

如果想增添更多風味和香氣，可使用蜂蜜代替白糖，對健康也更有益。蜂蜜甜味比白糖強，因此只需放入約三分之二的量（65克蜂蜜取代100克糖）。

玉米澱粉（俗稱玉米粉）

在法國，通常直接使用玉米澱粉的品牌名稱Maïzena來稱呼，玉米澱粉爲中性無特殊氣味，能夠使食物變得更輕盈並防止結塊。

讓口感更輕盈的秘訣

大多數以麵粉爲基礎的食譜都可以通過將一半麵粉以玉米粉替代的方法來讓口感更輕盈。不過，這一招並不適用於需要麵粉麵筋的產品，例如義大利麵、餅乾等。

香氣與味道

我們才剛提過，一些特殊的粉類、蜂蜜可爲甜點帶來引人入勝的風味。沒錯，味道至關重要！讓我們來探索製作甜點不可或缺的風味來源。

香草

優先選擇天然香草莢及含有香草大多數風味成分的香草籽。一旦將寶貴的香草莢取出籽後，不要馬上丟棄，空的香草莢仍含有許多風味，可浸泡在牛奶等液體中，用來增添液體的香味。

杏仁

非常適合爲麵團或餅乾增添香氣，有粉狀也有片狀，不僅帶來杏仁的味道，還能增加口感。將杏仁放在平底鍋中稍微烘烤幾分鐘，能讓其香味更濃厚。您可以在法式洋梨塔（p. 286）的食譜中找到使用杏仁的例子。

果乾

果乾具良好的保存性，且全年都可買到。可分為含水量極少的堅果（杏仁、椰子、榛果等），和脫水水果（李子、葡萄、杏桃等）兩類。因此，果乾的種類幾乎與新鮮水果一樣多。兩種果乾除了風味不同外，堅果類果乾帶有脆脆的口感，脫水水果則提供了柔軟的口感，使用得當可讓菜餚的質地，甚至裝飾更上一層樓。來看看我的香料果乾小羔羊食譜（p. 224）吧！

巧克力

提到甜點，就不能不提巧克力，其風味和質地的選擇非常豐富。巧克力含有一定比例的可可：可可含量愈高，糖分愈低，這是業餘愛好者所追求的。如果談到製作，我建議使用可可含量為60%的黑巧克力；通常，在超市被稱為「甜點用巧克力」進行銷售。當然，這也取決於食譜和您的口味。如需進一步了解，請參閱第301頁的巧克力購買指南。

如何保存巧克力？

巧克力應該儲存在遠離光線和濕氣的地方；因此，請避免放在冰箱中，以免導致巧克力變白並吸收冰箱的水氣。將巧克力放在密封盒中，以室溫保存，就是完美的保存方式。

提高一點點難度

如果對自己沒信心，覺得自己做不到，那麼這部分就是為你而寫的。不要害怕嘗試新事物：烹飪技巧、餐酒或食材的搭配……在廚房裡，就像在其他地方一樣，需要冒險才能取得進步。請記住，通過嘗試新事物，我們才能創造新的食譜。

吉利丁

比起寒天粉末等凝膠劑，我偏好使用起來較簡便的吉利丁片。吉利丁等凝膠劑可使液體提高黏度，轉為不流動的凝膠。需要找到適合的劑量，過度添加導致質地太硬也不好。食譜可見意式奶酪（p. 240）。

劑量的斟酌

凝固一公升液體約使用15克吉利丁。在使用吉利丁前，需先將其浸泡於冷水中約十分鐘，當吉利丁變得柔軟時，立即取出並用手捏起瀝乾水分。然後將其拌入溫熱的液體中（吉利丁在溫熱時較容易融化）。吉利丁充分溶解後，將混合物放入冰箱冷藏1小時。注意：加入吉利丁後，不能將混合物煮沸，否則會影響其凝結力。

化學酵母與天然酵母

這兩種都是為了能使食物充滿空氣感。化學酵母（泡打粉）主要用於糕點，如優格蛋糕（p. 262）。麵包師所使用的天然新鮮酵母，則多為塊狀，適用於奶油麵包、長棍麵包、可頌麵包、披薩麵團（p. 92）和漢堡麵包（p. 90）。必須遵守食譜中指定的用量。另外，還要注意環境溫度對發酵的影響：溫度愈高，酵母愈容易活化，反之亦然。

精心挑選**調味料**

在本章，我們要討論調味料：調味料到底是什麼？如何妥善使用調味料，為料理帶來平衡感或更複雜的味道，以提升料理的風味？

醋

醋在廚房裡，有著調味、醃製、萃取鍋底精華（déglacer）、製作酸辣醬（chutney）、醃漬黃瓜、浸漬保存水果等多種用途。醋可用來增添料理的酸味，以平衡其油膩感。更重要的是，藉由混合不同種類的醋，可使風味更豐富有層次，原理如同混合綠檸檬和黃檸檬一樣。讓我們一起來探索，幾乎可應對各種情況，無所不能的烹調用醋三兄弟。

紅葡萄酒醋

常使用於法式油醋汁（p. 68）中，紅葡萄酒醋非常適合搭配紅肉，可作為醬汁基底、醃肉、收汁還是萃取烹調時的鍋底精華……背誦口訣為「『紅』葡萄酒醋配『紅』肉」。

蘋果酒醋

由蘋果製成的蘋果酒醋，非常適合搭配白肉、魚類、甲殼類海鮮。同時亦非常適合用來保存食物，常用於製作醃漬食品。

義大利巴薩米克醋

巴薩米克醋與前兩者略微不同。由帶有天然甜味的葡萄汁，經過烹煮收汁製成。味道香濃帶有酸味，且含糖量高。我有時把它當作糖的替代品，例如與草莓一起搭配食用。

烹調用油

油有調味、油炸、保存食物、烹飪……等多種用途，每種烹調用油，都有其對應的使用方式。我們再來看看，幾乎可應對各種情況，無所不能的烹調用油三兄弟。

橄欖油

橄欖油既可用來烹煮，亦可用來調味。但要注意，不要在過高的溫度下使用；橄欖油是一種相對昂貴的產品，隨著加熱，其味道會逐漸變淡，非常可惜。其特有的香氣特別適合搭配蔬菜和魚類。少量的橄欖油，便可使料理臻於完美；就像高級葡萄酒一樣，高品質的橄欖油可用小匙品嚐。然而，與需要熟成的葡萄酒相反，橄欖油不會隨著時間的推移而發展出更多風味；相反的，橄欖油會隨著時間開始氧化，失去香氣與風味，故不可將其保存太久，且應存放於避免陽光直射的地方。

如何精挑細選橄欖油？

建議選擇特級初榨橄欖油，其製程無化學處理，且在低溫冷壓初榨，故其品質最高，能完整保留橄欖的風味。

另外，優先選擇帶有AOP、AOC、IGP等法定產區認證標籤的橄欖油，這些認證標籤，保證了橄欖油的產地及製造商的工藝。

芥花油

芥花油不具特殊香味，為中性油的一種，能承受極高的溫度。在使用高溫烹調時（例如在平底鍋中煎炸肉類），芥花油能用來取代一部份的橄欖油。

含有特殊風味的調味油

核桃油、榛果油、椰子油、大豆油、亞麻籽油、松露油……每種油都擁有獨特的風味和特性。這是為菜餚增添新風味的好手段。在橄欖油瓶中加入香草（百里香、月桂葉、迷迭香……），即可製作出獨一無二的調味油。

調味料

在烹飪時，會需要替菜餚增添味道，使其更為完整。為此，調味料是至關重要的。在食譜書中經常看到「品嚐並調整調味」之類的語句。調味不足，菜餚會淡而無味，這本身並不是什麼大問題，還可以彌補；相反，過度調味就麻煩了，畢竟很難挽救。這就是為什麼我總是強調「品嚐」的重要性！

鹽

沒錯，讓我們來談談鹽吧！鹽不僅能平衡風味，還能讓食物變得「更有個性」，故存在於大多數的食物中，但對健康不利。實際上，當食品加工廠要將缺少天然滋味的產品賣給消費者時，會使用大量的鹽（或糖）使其變得「有味道」。

鹽過量時，往往會掩蓋菜餚中其他較為纖細的風味。當鹽的鹹味掩蓋住菜餚中優質食材的風味時，是非常可惜的一件事。所以烹調時，應謹慎使用。

 很多食材已含有鹽分，利如生火腿、帕馬森起司、濃縮番茄醬、高湯塊、醬油……在料理過程中添加這些食材時，同時也加入了鹽。另外，別忘了，進行加熱濃縮時，水分會被蒸發，因此，菜餚的風味會更加濃郁，其調味也會更顯突出。

第戎芥末醬

在法國，幾乎每個地區都擁有上好的芥末；每種芥末都有其獨特的風味和特色，包羅萬象。重要的是要知道，其中最著名的第戎芥末，並未受到法定產區認證保護……因此市面上的第戎芥末醬，並不一定是在第戎生產。

第戎芥末味道濃郁，為市面上唯一可被標注「強烈」或「特強」販售的芥末。與選擇其他食材一樣，優先選擇不含亞硫酸鹽、不含添加劑、不含防腐劑、不含色素、小農生產的芥末……另外，第戎芥末醬特有的質地，亦可用來增稠醬汁。

芥末籽醬

芥末籽醬的辣味比第戎芥末醬更溫和，且細小顆粒的芥末籽具有特殊的口感，富有嚼勁。這兩種芥末相得益彰！

辣椒醬

與既定印象不同，辣椒醬不僅限用於辛辣的菜餚和蕃茄汁的調味。辣椒醬還可用於調味生肉或魚肉。我在許多醬汁中添加辣椒醬，使其更有個性。請注意，根據醬汁的不同，可能只需添加幾滴辣椒醬就足夠了，希望你也能試試看！

鹽水浸泡和醃漬

鹽水浸泡是一種以水和鹽為基礎的保存方法，能使產品發酵，並防止其腐壞。

另一種技術是在醋和糖中進行醃製：製成的產品稱為「pickles（醃漬品）」。醃漬品有各種各樣的種類：小黃瓜、豆角、洋蔥、甜椒、胡蘿蔔等……要知道，基本上幾乎所有蔬菜都能利用醃漬來保存。鹽水浸泡製品和醃漬品，都能為您的菜餚帶來一點額外的酸味。

> ### 如何在家自製醃漬蔬菜？
>
> 製作自家的醃漬品並不複雜：僅需要250毫升的水、250毫升的醋和125克的糖。把所有材料煮沸，然後將混合物倒入裝有蔬菜的瓶子中。之後緊密封閉瓶子，讓其冷卻！在室溫下保存。
>
> 譯註：台灣夏天建議在冰箱保存

精心挑選**香料**

出於經濟及生態考量，本書旨在推廣使用法國本土生產的食材。但大多數的香料，例如香草莢，是進口的，我仍會使用這些在食譜中佔少量的進口食材，巧克力也是同理。有規則，就有例外，比起避而不提，我偏好將資訊透明化，提供全方位的視野，讓大家自己思考衡量。只需再加入五種香料，你的櫥櫃就裝備齊全了！

如果只能選一種香料，那一定非胡椒莫屬！

胡椒的種類繁多，各有其特色與香味，很難相互比較。但如果你有胡椒粒研磨器，我會推薦在裡面放入料理時最常使用的黑胡椒。

黑胡椒

比起研磨好的胡椒粉，優先選用整粒的胡椒。整粒的黑胡椒，能在最大程度下保留香氣，並在最後一刻，使用研磨器時，才釋放香味。

黑胡椒與所有食材都能搭配，可用於調味各種菜餚。不同的黑胡椒，具有不同的「強度」；在某些情況下，只需一小撮就足以調味，因此請注意不要使用過量，以免掩蓋其他風味。

祖母的香料

我的童年沉浸其中，這些肯定是我們最熟悉且帶有懷舊情感的香料。長存於我們的飲食文化，無論過去、今日或未來。

肉豆蔻

味道強烈，使用時請斟酌用量。建議購買整顆肉豆蔻，使用的最後一刻才磨碎。肉豆蔻常使用於馬鈴薯泥（p. 156）和薯泥焗牛肉（p. 240）等菜餚中。

肉桂

肉桂的使用方式，最為人熟知的是用來為甜食調味，但亦能與鵝肝或白肉完美搭配。錫蘭肉桂條可磨碎或整條於菜餚中燉煮。

丁香

丁香帶有非常濃烈的風味，整粒的丁香用於調味燉菜、燉肉、高湯。如果與肉豆蔻和肉桂混合使用，能使其味道變得更加柔和。

如何在烹飪時使用丁香調味？

誰沒有在吃燉菜時不小心咬到丁香呢？為了避免悲劇重演，在烹調時，可將丁香插入燉菜內的洋蔥或馬鈴薯中。在烹飪結束時將其取出即可。

最後的重頭戲

法國巴斯克紅辣椒

在法國巴斯克地區，又稱為*ezpeletako biperra*，比我的姓Etchebest更容易發音不是嗎？這是我在家做飯時，最喜歡的香料之一。其辣味柔和，有時會用來取代胡椒。除了市面上常見的巴斯克紅辣椒乾、巴斯克紅辣椒粉，亦可使用新鮮的巴斯克紅辣椒，製作煎蛋，或是巴斯克燉蔬菜piperade。

自製**清潔用品**

如同許多事情，遵循古法往往是最有效、最經濟、也最環保的。讓我們來學學祖母們清潔廚房和居家空間的妙方。

櫥櫃中必備的產品

儘管有些清潔產品是天然的，但使用不當也會有潛在危險，因此請採取必要的預防與保護措施：例如使用某些產品時，要戴手套和護目鏡。另外，產品擺放的位置，必須放置在兒童無法觸及的地方。

馬賽肥皂

馬賽肥皂除了在烹飪前用於洗手外，還能用於清理居家空間。沒錯，最單純的產品往往是最有效的！建議選用含有72%以上脂肪酸的馬賽肥皂（但60%以上也可接受）。

白蒸餾醋（俗稱白醋）

無論包裝上標榜無色、水晶（cristal）或家用白醋，其本質都一樣。白醋比大賣場裡其他的清潔產品更便宜、更自然。具有防水垢、抗菌、去油脂等功效，能包辦大部分的家庭清潔工作。不用擔心白醋的刺鼻氣味，它很快就會消失。建議選擇含有約8%醋酸的家用白醋即可；超過10%，其濃度對家庭清潔而言，有點太濃了。

 小訣竅：在使用洗碗機或熱水壺前，先倒入一杯白醋進行清洗。其去除硬水水垢的效果會讓你驚艷！

黑肥皂

液體狀的黑肥皂，使用起來非常方便。但注意，其濃度非常高；舉例來說，幾滴稀釋在水中的液體黑肥皂，就足夠清洗整個爐台了。為優秀的天然清潔劑：去油垢、消毒、並能去除難纏的污漬。

小蘇打粉與洗滌鹼

在這裡，不深入介紹其化學成分。只需知道它們的功效非常強大，尤其是洗滌鹼，甚至能用來疏通堵塞的下水管。我們可利用這兩種產品，進行去油脂、除臭和殺菌。

精油

雖然有些精油本身就具有抗黴特性（例如檸檬、百里香、迷迭香……等），甚至具有殺菌特性（例如茶樹……等），但在本法則中，使用精油的主要原因，為取其香氣而非其消毒能力，因為前述提到的清潔產品本身的清潔能力，已非常足夠應付廚房與居家清掃。但是，家中有薰衣草、松樹或尤加利的香味總是令人愉悅。因此在以下「自製清潔劑」的配方中，可根據個人喜好，添加幾滴你喜歡的精油。

自製家用清潔劑配方

萬用清潔劑

稀釋的白醋可擔其重任。放入噴霧瓶中更實用：將比例為1:2的白醋和水，倒入其中即可。

對於約75毫升的噴霧瓶：

• 25毫升白醋

• 50毫升水

• 百里香、迷迭香精油……（可依個人喜好選擇）

地板清潔劑

黑肥皂非常適合清潔和去除各類型地板的油脂：層壓板、瓷磚、混凝土、木地板……將水桶裝滿，只需加入1湯匙黑肥皂，稍微攪拌後，就能用來拖地了。沒錯，就這麼簡單！

以約5公升的水桶爲例：

• 水裝至半滿

• 1湯匙黑肥皂

• 松樹、薰衣草精油...（可依個人喜好選擇）

洗碗精

相對於前兩個配方，使用的產品較多，但其實不複雜。

約1升的洗碗精：

• 50克刨碎的馬賽肥皂

• 80毫升沸水

• 2大匙白醋

• 1大匙黑肥皂

• 1大匙小蘇打

• 1大匙洗滌鹼

• 檸檬精油（可依個人喜好選擇）

在大碗或鍋中，將馬賽肥皂在沸水中稀釋融化，加入其他的產品。

等待至少兩小時，然後將整個混合物倒入舊的洗碗精瓶中（使用漏斗會更容易）。這樣就完成了！

如果混合物開始分離，使用前搖勻卽可。

小訣竅：洗碗時，水溫愈高，去除油脂的效果愈好。如果覺得本配方的泡沫不夠多，可添加液體肥皂。如此一來成本會高一點，但起泡性會更好。

在本法則，我們介紹了廚房主要的清潔產品。還有許多配方可用於更具體的操作，如疏通水槽或自製洗碗機錠，但我傾向把重點放在最常使用且最容易製作的配方，提供各位紮實的基礎概念，不但節省開支，也對環境更友善。正如前述的法則一樣，我鼓勵各位在生活中實踐此理念。

吃得營養均衡
並享受不同食材

前一個法則，讓我們理解到飲食與衛生息息相關。現在，為了能吃得更健康，我們要強調幾個必須注意的大原則。

食用在地與當季食材

在地生產的蔬果不需長程運輸，故能等到成熟時才採收。這些蔬果，有足夠的時間在陽光下成熟、提高維他命與礦物質含量，故極具營養價值與風味。

此外，萬物皆有其自然規律，食用在地與當季農產品，能使人體在各個季節，都能充分享受大自然的恩惠。

在冬天，馬鈴薯、南瓜、花椰菜，能提供大量的碳水化合物、維他命、礦物質，讓人體對抗寒冷。在夏天，小黃瓜、西瓜、番茄等富含水份的食物能解渴，而紅蘿蔔則有防曬的效果。

食用在地與當令食材，不僅能保護生態，更能為你的健康帶來財富！

自家菜園

當然，我並不是建議各位在家栽種50公斤的馬鈴薯！如果你很幸運，擁有私人菜園或在庭院有栽種果樹，是再好也不過。但如果沒有也不要緊。

在窗台，可以種植香料植物，而在陽台，則可種植某些水果跟蔬菜，例如小番茄、草莓、甜椒、櫻桃蘿蔔⋯⋯在廚房，還可以自己孵育幼苗：在種子發芽後幾天，就可以好好品嚐這些充滿大量營養的幼苗了。

市面上有許多書籍、網站、YouTube頻道，都能找到關於自家菜園的資訊。這些管道，都能讓你節省開支，且吃得更健康。

吃得營養均衡

其實，不用為了執著於每餐都要吃得均衡又完美，而準備三到四道料理。人體需要定期攝入不同的營養素（蛋白質、碳水化合物、脂質、維他命與礦物質），但並非意味著每餐斤斤計較，而應以週為單位，進行觀察與衡量。為了達到營養均衡，必須攝取一半的蔬菜、四分之一的蛋白質，以及四分之一的碳水化合物。

蔬菜的攝取

為了達到飲食均衡，首先要攝取大量蔬菜。蔬菜富含維他命、礦物質、及利於人體消化系統運作的膳食纖維。

蛋白質的攝取

人體對蛋白質的需求，主要透過攝取肉、魚、蛋、乳製品，及份量較大的特定植物來滿足。

碳水化合物的攝取

碳水化合物，存在於麵食、米、藜麥、馬鈴薯，和扁豆、乾豆等澱粉質豆類中。

 至於素食者，則是靠攝取豆類（鷹嘴豆、扁豆、乾豆）和穀物（糙米、藜麥、蕎麥等）來滿足蛋白質需求。

享受不同食材

吃的均衡，並不代表每餐重複吃同一道均衡料理就夠了。必須要多元飲食，畢竟，維他命與礦物質為數廣泛，不同的食材具有不同種類的維他命與礦物質。自己下廚，能幫助你擺脫日常習慣，嘗試新的料理。

- 將同類食材隔餐更換，例如，今天吃紅肉，那明天吃魚肉。

- 以多元方式烹調，吃生的、熟的、風乾的、打成泥的、或是湯類……

- 別忘了，洋蔥、大蒜、新鮮香草植物、香料，以及油類作物（橄欖、胡桃、杏仁、南瓜籽、芝麻……），這些食材都含有大量的營養素，它們是健康的好隊友，並可為菜餚添加風味。

自己下廚

自己下廚，是飲食健康的第一步，也是確保菜餚中含有什麼成分最好的方法。由非優質食材製成的現成食品或是超加工食品，往往為了讓消費者覺得有味道，而過鹹或過甜；並加入大量的添加物，以延長保存期限、保持顏色、增稠……各式各樣看不懂的成分將為人體帶來不好的影響。這些食品營養價值低，使人體無法獲得真正需要的養分，吃了反而更餓，最終導致過度攝取。不可諱言，大多數的現成食品不但方便，也比自己在家下廚便宜。但是，我們為了省時間而購買現成品，卻讓自己的健康付出代價。自己下廚，不但能取回對食物品質的控制權，也能重新認識食材的真正味道。

使用多種烹調方式

蒸、水煮、煎、烤、炸、燉煮、醃製……料理的手法非常多元。有些烹調方式比較健康，因為食材對熱很敏感，根據烹調方式的不同，食材損失的養分也有所不同。

需謹記在心，不該過度加熱食物，並避免燒焦。每種脂質，都有不同的發煙點，超過發煙點後，將

會產生有毒物質。以奶油為例，發煙點為攝氏130度，而精煉後的芥花油，則為攝氏240度。

你會明白，生食與蒸煮，是保留食材中所有的維生素與礦物質，最佳的兩種方案，但這不意味著我們只能局限於這兩種烹調方式。最好的辦法，就是花費時間與實踐，掌握各種烹調手法。

適量飲食

這可能是所有建議裡，最難達到的，畢竟美食當前，很難克制自己不多吃一點！但要注意，適量飲食並不是指節食，而是避免不當的過量飲食。因此，這不代表要進行節食或跳過正餐不吃飯，而應在不過量飲食的同時，攝入人體所需的營養成分。

如何避免飲食過量

使用較小的餐盤、在廚房裝盤，而非把每道菜都放在餐桌、進食時花時間好好品嚐，吃飽了就停止。未吃完的食物則保留到之後再品嚐，同時也能省下一筆開銷。

小訣竅：無論是在超市還是傳統市場進行採購，我們非常有可能被眼花撩亂的產品價格、眾多正在進行的折扣資訊淹沒，可惜的是，這些資訊有時並不能幫助我們明確掌握商品的售價。如果我問你，某個產品以三包一次購買的價格是14.99歐元，但如果一次購買兩包，則能享受六折優惠……你可能會不知如何選擇，對吧？因此，在此建議各位：比價時，一定要查看每公斤或每公升的價格。這將幫助你避免受到折扣誤導，更準確地比較各產品的真正價格。

有計劃地**採買**

加班到很晚才回家，打開冰箱卻空空如也，在飢餓的驅使下，只好在沒有購物清單的情況下，衝去超市購物。結果呢？我們只隨便挑選了一個加工熟食餐盒，放入微波爐加熱，看似方便，但味道馬馬虎虎，營養也不太均衡，而且並不便宜！與此同時，冰箱深處的兩根櫛瓜正在腐爛。讓我們來討論，如何更好地安排採買，以避免這種情況。

每個月：清點食物櫃裡的庫存

這裡談論的是可長期保存的食材：麵粉、糖、乾燥義大利麵、米、調味料（油、醋、芥末……），罐頭和瓶裝食品（鮪魚罐頭、沙丁魚罐頭、果醬、蜂蜜……），茶、咖啡、巧克力……沒錯，這就是〈法則三〉的食物儲存櫃裡的食材。

一旦用完一種食材，就記錄在購物清單上！到此為止，幾乎已完成任務的絕大部分了。至於剩下的工作，也很簡單：檢查櫥櫃，記下缺少的東西和需要重新填充的容器（參見法則六、七、八和九）。你可能會問我：為什麼每個月一次？嗯，這有幾個好處：

- 定期清點食物櫃的庫存，以多次少量進行，可避免一次花太多時間。幫助你確認家中有什麼食材，並在某些食材短缺時，機動性地變更要烹煮的食譜。

- 定期清點，能合理管理「享樂」產品，例如糖果、熟食等的消耗量（如果你讀過前面的法則，就明白我在講什麼）。當庫存沒了，再少量購買，如此一來，即可輕鬆地監控其消耗量。

- 節省每天的時間和空間，因為你將擁有一個月所需的大部分食材。

- 讓你專注於生鮮食品的採買，並減少購物的頻率，以節省時間。

當你注意到某些品項消耗相當快時，比如麵粉。建議一口氣可買多點（當然，前提是有足夠的儲藏空間）。大量購買是降低食材單價的好方法，且更經濟實惠，也更環保。

當然，現在也是購買能久放，例如個人衛生、健康、清潔和嬰兒用品的時候。每月盤點的目的，是讓我們直到下個月只需要購買生鮮食品。

每週：檢查冰箱的冷藏室與冷凍櫃

正確計劃膳食的唯一方法是以週為單位，思考每天午餐與晚餐的菜單，並將不需要烹飪的時刻納入考慮，例如：在家人或朋友那裡吃飯，外出用餐……等。打開冰箱，仔細查看裡面有什麼食材，並拿出週計劃表，寫下能讓你利用冰箱剩餘食材的食譜。為了避免浪費，應優先消耗快過期的食材。浪費是一種雙重損失：不但把壞掉的食材丟進垃圾桶，也等於把買菜錢浪費了。接下來，就是最令人興奮的部分了：想像到下次購物前，規劃製作的所有餐點菜單。

那麼，該如何知道下次購物是什麼時候呢？每個人都有不同的日程安排：有些人可能一週才有時間採買一次，而有些人可能每天都會經過蔬果店家。儘管多數蔬菜可輕鬆存放一週以上，但多數的肉類和魚類，在冰箱裡存放的時間都不會超過兩三天。因此，一週採買一次是最低標準。但也有例外，例如善用冷藏室保存肉類，或是改變蛋白質的來源（例如雞蛋）。

一週採買兩次，能確保家中擁有足夠的生鮮食品。因此，建議每週採買兩次，可能的話，最好其中一天在露天市場採買。

對於那些還懶得提前計劃飲食菜單的人，我無能為力。但我能預料接下來會發生什麼：

◉ 你會漏買東西。

◉ 你會買到不需要的東西（行銷就是為此存在的）。

◉ 你會花費比預期更多的錢。

◉ 你會浪費時間在超市找尋東西（這原本是用來計畫菜單的時間）。

◉ 你會購買營養不平衡的加工熟食產品（因為來不及烹飪）。

◉ 你會繼續浪費食物，因為冰箱愈滿就愈難控管。

◉ 每天你都會問自己要吃什麼好幾次，因為你自己也不知道答案。

◉ 週末渡假或長假時，食材在冰箱腐敗造成浪費。

那麼，為什麼不試試我的建議呢？趕快動手實行吧！

在優質商家**消費**

雖然大型超市仍是購物的首選途徑，但如果組織得當，本地商家也能發揮優勢，並提供更好的性價比。短程運輸的產品比起長程運輸的產品，更能減少浪費和過度包裝。因此，讓我們以上一個法則「有計劃地採買」為基礎，討論如何更加理性地消費。

在超級市場，理性消費

超級市場、大型量販店，這些名副其實的消費主義聖殿，體現了工業時代對社會飲食習慣所造成的負面影響。如今，在新消費模式的崛起下，大型超市也在進行著轉化與改革。因此，我們可發現貨架上地方小農的產品，與來自世界各地的罐頭並存；在蔬菜販售區，眾多標準化栽培、預先切好、塑料包裝的工業生產蔬菜中，零星夾雜著出售受損蔬菜的區域；貨架上的有機散裝食品，被堆積如山，含有人工添加劑的產品所淹沒。

困難點在於：眼前有各式各樣的選擇，昨天才在電視上看到的新產品，就在我們面前，而且還在促銷呢。我們要如何抗拒不理智的購買呢？

以下是一些如何從「消費主義聖殿」安然脫身、守住荷包的建議：

◉ 減少採購頻率：正如前一法則所提到的，每月採買一次，補充能久放的食材庫存是個好主意。至於生鮮產品，則應尋找其他解決方案。

◉ 填飽肚子再去，不要在飢餓的狀況下去採買：最糟糕的事情莫過於在飢餓的狀況下進入擺滿糖果的甜食區。另外還要注意不要過度消費，畢竟當家裡食物櫃擠滿食物時，我們會吃得更多，這是人的本性。

◉ 單獨前往：帶著一家人去採買，不可避免的，總會有人不自覺地在購物籃中加入東西。

◉ 對於那些不能單獨前往的人，可以在線上購物，然後選擇自取，這樣就沒有在現場受到誘惑。

◉ 如果無法自取，就選擇宅配到府：通常在一定的購買金額以上可免費配送，剛好可好好利用；考慮到要買整個月的東西，你肯定會滿足免運條件的。

• 購買賣相不佳或有損傷的水果和蔬菜，它們通常更便宜。
• 讀懂產品標籤並非易事。當對產品感到懷疑時，可使用 Yuka 應用程式，瞭解產品含有哪些添加物。

在同樣預算下，享用有機產品

每個人都該吃得健康，所幸如今，有非常實惠的「蔬果訂閱制」作為解決方案，證明了有機產品人人都負擔得起，這符合我的價值觀！

譯註：本段所談論的制度，在法國非常流行，概念上有點像台灣的「無毒農週配蔬果箱」。

為了了解廠商訂定產品價格的策略，必須先了解其運作方式。蔬果生產商透過零售商出售的產品上，僅能收取到微薄的利潤。但如果透過訂閱制直接與生產商購買，生產商則能得到較多利潤。換句話說，藉由訂閱制，不但可享受較低的價格，還能避免消費鏈中最大的環節－零售商的抽成。如此一來，花費有時可減至一半。對於那些不喜歡支付訂閱費用的人（其實我也不喜歡），別忘了，這裡談論的是每月僅5歐元。這可能是你平時購物的交通費。試試看，你會發現很快就能回本。此外，也建議將乾貨、消耗品等能久放的產品，購物週期拉長，約每月一次，使消費總額能累積超過免運門檻，享受免費配送。

如果預算不多

如果真的在經濟上有困難，可考慮諮詢食物互助網絡、紅十字會、食物銀行和其他慈善食品援助機構。在地方層面，社區互助互聯網也如雨後春筍般湧現，可向區公所詢問有關的信息。這將幫助你找到解決方案並建立人際聯繫，畢竟推動這些理想，使之成爲可能的志願者必定不是壞人。

小訣竅

想知道哪家店風評較好，就看看哪家商家排隊人潮較多：是否有常客經常光顧，是一個不錯的指標。也可以在結帳時問問看起來健談的店員，平時他在哪裡購物；他很可能會推薦你不錯的店家。最後，檢查生鮮產品標籤上的產地：愈遠，愈不是個好兆頭……

在傳統市場購物

我們終於要來談論傳統露天市場了！法國各個城市鄉鎮，在固定的每週幾日，都會舉行露天市場。眾多攤販一早架立攤位，將商品擺上櫥窗或貨架。有些熱情的攤販，還會讓你也感染到好心情呢。在之前的法則中，我曾建議每週進行至少一次生鮮產品的購買；幸運的是，一般在大城市，露天市場通常從星期二開放到星期天；而在較小的城市或鄉鎮，攤販們會以一週一天爲週期，在不同的露天市場擺攤。請注意，市場通常在早上六七點開始，約在

下午一點左右結束，讓附近的居民，都能在上班前還是在午休時進行採購。因此，趕緊了解一下住家附近市場開放的時間，並去逛逛，即使不買東西，也可感受一下市場獨特的活力氛圍！

小訣竅

早一點到傳統市場，能有更多的選擇，不然就在市場快收攤時才去：很多攤位會在最後收攤時無法運送回去的產品進行特價促銷。

在傳統露天市場，有高品質故價格較昂貴的產品，也有價格實惠的產品，任君選擇。需要注意，不要以爲所有的產品都是本地生產或符合時令的；爲了應對與大型超市的競爭，攤販們不得不受到定價的牽制。就像我們在前一個法則提到的，比較價錢最有效與可靠的方式，爲比較每公斤或每升的價格。例如佔據大部分預算的肉類和魚類，每人每餐大概消耗200克，那就將每公斤的價格除以五，得到每人每餐約需多少預算。例如：每公斤15歐元除以五，得到每人3歐元。

直接與小農購賣或盡量減少中間商

提高性價比的另一個方式是直接向小農購買。除了直接在產地購賣外，網路上也能找到許多讓農民和消費者建立聯繫的管道。

社區協力農業

這是最廣爲人熟知的制度，幾乎人人都聽過，但它究竟是如何運作的呢？正如它的名稱「社區協力農業」（AMAP 爲 Association pour le maintien d'une agriculture paysanne 的縮寫），宗旨爲支持農家。在此制度裡，消費者與農家互相支持與承諾；簡單

來說，就好像我們提前支付了農家部分的收成所得。期間多爲半年到一年，每週會收到一箱蔬果。還記得之前我們討論過每週購買生鮮食材的重要性嗎？沒錯，此制度可簡化你每週購買生鮮食材的過程。

此制度在一開始就訂立價格，以支持在地小農的發展。作爲回報，每箱蔬果籃的價格，會比超市的定價更便宜。最後，依據採收情況，每週蔬果箱內的產品都不相同，這將讓我們有機會嘗試不同的蔬果，擁有更豐富多樣的飲食（記住，我們已在〈法則十一〉討論過其益處）。

小訣竅

在某些社區協力農業制度中，存在著其他款項支付的選擇。例如，通過提供勞力等協助來減免價格。請直接向附近的社區協力農業機構查詢了解更多資訊。

的確，此制度缺少了點彈性，每箱蔬果籃的內容取決於當地的生產情況，另外還要考慮到蔬果籃的配送等相關問題。但這可是省去中間商成本，並提高蔬果品質，一石二鳥的策略。除了支持我們的農民和創造就業機會外，還有助於減少長程運輸的影響、並減少包裝和食物的浪費，以上這些，都是無法用金錢衡量的好處。還有許多其他在地層面上具有團結意義的倡議。通常，在網上簡單搜索，就可找到你周圍的這些組織。不幸的是，我們無法在本書全部列舉，在此舉出其中一個已經擴大規模並在全法國運作的活動，**Potager City**。

---

www.potagercity.fr

La Ruche qui dit oui

會提到La Ruche qui dit oui，是因爲此組織的購買彈性更高，且不用長期綁約。此組織在短短幾年間就成功地推廣了產地直送與銷售。在這裡，不用綁約：你只需在網站上選擇物品，在線支付，就能拿到蔬果籃。利潤合理且抽成少，意味著其蔬果品質得到保證。

---

https://laruchequiditoui.fr/fr

Bienvenue à la ferme

這是一個更統合的平台，提供的服務遠不僅只於農產品的銷售。農民開放他們的農場，提供實習體驗課程、農場週末住宿和其他一系列服務。在這裡，整個法國境內有8,000名農產者參與。因此，我們可輕鬆找到直接與農產生產者、農產品店或農場提取站等地點購物的方式。

---

www.bienvenue-a-la-ferme.com

Poiscaille

爲海鮮類產品的短程供應鏈，提供僅來自永續捕撈的魚類、貝類或甲殼動物。在捕撈當天選擇你感興趣的產品組合，一到二天後送貨上門，讓你心滿意足。

---

https://poiscaille.fr

在餐廳用餐時，打包未食用完畢的食材

在討論採買食材的基本法則時，怎麼會提到餐廳呢？的確，有些餐廳會跟其供應食材的小農合作，販賣小農的產品。有時，還能找到一些在一般商家難以找到的特殊食材。但在這邊，我們重點不在於此，而是討論向餐廳要求打包未食用完畢食材的好處。

如果你有機會在外用餐，請記住，餐廳是有義務，提供可重複使用的容器，讓顧客打包未食用完的食物或飲料（譯註：在法國，此法規於二零二一年七月強制施行）。這樣既能防止浪費，也是享受美食的另一種方式，因為打包回家的菜也能用來添加菜式（更是讓家人也嚐嚐的好時機）。

預先規劃飲食菜單

每天，各位都會面臨同樣的問題，「晚餐該吃什麼？」，沒想到卻已經晚上八點了……只好快速翻找廚房食物櫃，看看有什麼食材能快速上桌，剛好瞥見義大利麵，最後匆忙煮了義大利麵拌上冰箱的奶油！該怎麼做，才能擺脫這種情況，讓每天都能吃的美味均衡呢？我們將在本法則中討論，在廚房中，預先規劃飲食菜單的重要性。

「若給我六小時砍一棵樹，我會把前四個小時拿來磨利斧頭。」——亞伯拉罕‧林肯

制定週計劃表

週計劃表能協助我們掌握一週的大致情況，有助於簡化我們在廚房的活動。那麼，實際上是如何運作的呢？

週計畫表可以是張單純的廢紙，上面畫一個小表格，一週內的每餐都由一個方框代表。首先，劃掉那些因工作、聚餐等，不在家吃飯的方框，並在其他方框中寫上進餐的人數。如此一來，我們就能更清楚地將每週需要準備多少餐、每餐要準備多少人份等資訊視覺化。現在，我們就可以做出明智且精確的選擇了。

接著，要盤點冰箱中的生鮮食材（肉、魚、水果、蔬菜）。這是我覺得最有趣的部分，藉由現有食材引發靈感，想出相對應的食譜！最後，依據下列因素，調整烹飪與食用的先後順序：

● 食材在過期前所剩的天數：為了避免浪費，必須考慮每種食材在即將過期前的天數。例如：開始變黑的生菜、前幾天剩下的法式鹹派、再不吃就會過期的優格，以上這些，都應該盡快在今日食用。這樣，今日這一餐的方格內容就確定了。

● 採買食材的時機：採購時購買的新鮮食材，建議在最佳時機享用。但如果每週只購物一次，則必須考慮哪些新鮮食材能保存到下一次購物日。

● 你喜歡的食物：自己下廚不但為了吃得健康，也是為了愉悅自己。想吃法式白醬小牛肉很久了嗎？週日怎麼樣？何不邀請朋友來一起分享呢？

● 你的時程安排：法式白醬小牛肉需要提前一天備料，要實際一點，了解自己每天能在廚房花多少時間。如果遇上忙碌的日子，可為那天準備些可加熱快速準備的菜餚，或者去你在波爾多科蓮大廣場附近發現的那家餐廳，出去吃飯也不錯。

週計劃表也是用來控制預算或飲食是否均衡的實用工具，好好計畫一週內食材的使用，避免被誘惑去買昂貴但不太均衡的漢堡或者現成微波餐盒。

請記住，總會有意料之外的事，每週的計劃可能會改變。例如看到攤販販售當季品質極好的蘆筍，或在最後一刻收到了聚餐邀請。就像任何框架一樣，有時跳出框架是個好主意；自發性和即興性在廚房裡也有其用武之地。

同時間進行多道食譜的烹煮

前些日子，「批量烹飪」（*batch cooking*）蔚為風潮。對於那些沒聽過此概念的人，批量烹飪簡而言之，就是一口氣煮好大量食材，並烹製多個食譜供日後食用，通常是準備整週的份量。雖然不必如此嚴謹，但我們可從中學到，合併與集中步驟的重要性。許多食譜的開始都涉及削皮和切片。這些步驟可以很容易地合併。例如多切兩個洋蔥或三根胡蘿蔔以供其他食譜使用。同樣，對於加熱過程，可將多道菜餚同時放入烤箱烘烤，畢竟大部分菜餚的烘烤溫度，皆為攝氏180度。如此一來還節省了能源與電費。如果你擁有多個蒸籠盤，也可以將其疊在一起加熱。

備料時，將食材數量加倍

給未來父母簡單而有效的建議，就是烹飪時食材加倍。相當簡單，將食材數量加倍，保存一半供日後食用。在製作食譜的過程中，最耗時的部分是構思該烹飪哪些菜餚、購物採買、開始備料、正式烹飪和事後清理。如果省略這些步驟，切一根或兩根胡蘿蔔不會使總製作時間加倍。相反，這樣做可以將烹煮其他菜餚的的時間減少至一半、三分之一、甚至四分之一……這也是為何，在本書（新版）中，我特別在每個食譜內，補充了舊版缺少的「保存方式」，以協助你實踐此方法。

因為此方法的限制，在於冰箱的儲存空間。

前一天就烹飪

各位可能已注意到，在本法則中，我們一直都在談論「預先規劃」的重要性。同理可證，前一天烹飪供隔天食用，也是預先規劃的運用。另外，有些菜餚在隔夜後的味道會更好。在招待賓客時非常方便，使你可盡可能多地與客人相處。也為你的餐會保留緩衝空間，以防出現差錯或遺漏。建議優先選擇可在宴請賓客前重新加熱的菜餚。如果你很重視擺盤，那就將擺盤保留給可在最後一刻才從冰箱拿出來的開胃菜或甜點。在宴客當天，只需提前裝飾餐桌、擺上餐盤、從冰箱取出起司回溫、打開葡萄酒即可。當然，宴客時亦可請賓客幫忙帶來麵包或甜點。

與別人一同烹飪

如果你夠幸運，家裡有其他人會做菜的話，何不嘗試每個人負責製作一道主菜或一道甜點，讓你在廚房花費更少的時間，卻能享受到同樣多的樂趣。如果家裡只有你會做菜，還是能共同分攤一些任何人都會做的雜事，例如洗碗、削皮、在桌上擺餐具……簡而言之，請合理分配工作並分工合作。

下廚前的前置作業

終於進入最後一個法則，也是本書前半大師法則與後半食譜部分的樞紐。在開始下廚前，必須了解兩三個重要的組織概念，將這些概念應用於下廚的前置與烹飪過程，讓你能更有效率的烹飪，並享受其中的樂趣。

開始下廚前

乾淨的廚房能使烹飪過程更加愉悅與便利，因此，請確保廚房環境保持得無可挑剔。這不僅是出於衛生的考慮，也是為了享受在整潔的環境下做菜的樂趣。開始工作前要洗碗將洗碗槽清空、穿上乾淨的圍裙、掛上手巾、用磨刀棒稍稍磨刀、洗手，然後按下「訂閱」鍵！哦，不好意思，最後一句是我在YouTube 頻道上說的話。

由前面的法則，你已了解，手必須保持乾淨，刀則該保持鋒利。我想借此機會再重復一遍，如果認為一把切不動的鈍刀「比較不危險」，那就錯了。情況剛好相反，鈍刀反而更容易發生意外。無論如何，注意自己的姿勢與手勢，以避免割傷和燙傷。

下廚前，先熟悉食譜

如果是按照食譜製作特定菜餚，請在開始前先把整個食譜瀏覽一遍。這聽起來可能是個多餘的建議，但可避免在烹飪時，因為不理解某個步驟、缺少某個小器具或攪拌棒、遺漏某個材料，等眾多潛在因子，造成烹飪卡關。如果不得不隨機應變，最好提前瞭解情況並思考該如何對應。另外，這也是盤點所需材料，並對照食譜進行稱重，確保萬事俱備的最佳時機，避免在製作過程中反覆跑去找材料。如此一來，才能在下廚時，專心待在工作臺，保持100%的效率。

工作檯的配置

工作檯是開始備料和進行大部分工作的地方，因此請隨時準備好以下三個物品：

- ◉ 砧板：切勿在砧板上放置鍋具，或任何會帶來細菌的物品，這是初學者常犯的錯誤。

- ◉ 小垃圾桶：用於裝烹飪過程產生的果皮等廚餘（至於蔬果的塑膠包裝，應直接丟入家用垃圾桶）。亦可直接在小鐵盤或適合的容器內削皮，集中廚餘，以避免弄髒工作臺。

- ◉ 裝有半滿水的器具盆：可在其中浸泡用於品嚐和調味的湯匙及其他器具。如此一來，可避免小器具被亂丟在工作臺上。每次使用前，都用乾淨紙巾擦拭一下。當水太髒時，立即更換水。

> **小訣竅**
>
> 甲殼類的殼、肉魚的切邊、魚骨、香料植物的梗、某些蔬菜的皮，可保留下來，製作高湯或醬汁時用於增添風味。

 注意，千萬不要把刀具放入前述裝半滿水的器皿盆。這會損壞刀尖，並且刀刃會與其他廚具碰撞而受損。每次使用完刀具，應以清水沖洗，擦拭乾淨後收好。

烹煮加熱區

我們抵達了最後一步，也是至關重要的一步。在廚師的職業生涯中，在能進行烹煮加熱前，必須經歷過各種崗位，而處理烹煮加熱（尤其是對處理高級食材的烹煮）是最困難的任務。在專業廚房中，連牛排的熟度，都不容許在生和半熟之間犯錯。以下是需要隨身準備的東西，以便你無需移開目光專心烹飪：

◉ 前述裝有半滿水的器具盆：可用來收納暫時不再需要的器具，裡面放一把用來品嚐的湯匙和依據食譜需要，用來混合、夾取或翻炒食材的小工具。

◉ 烹飪用油：總是近在手邊，且準備足夠的量，以防在烹飪過程中用光。

◉ 鹽和胡椒：用於調整調味。

如果你有多個烤盤，收納時，將平時最少用到，例如燉煮用的深烤盤放在最下層。這樣就可把上層空間留給使用率較高的其他物品了。

 要使用定時器！不然等到我們在客廳聞到燒焦的味道時，為時已晚……

雞婆確認一下，已經洗好碗將洗碗槽淨空了嗎？洗好了？那就好，看來你已充分了解所有要點，我們已經完成所有的大師法則了。

恭喜！現在，開始正式下廚囉！

恭喜各位完成本書的第一部份，我為各位感到驕傲。

經過實踐前面的十五個法則，現在，你的廚房不但整潔且處於最佳狀態、你已充分了解需要投資哪些設備以利下廚、廚房裡食物儲藏室的食材也一應俱全。

你已準備就緒，在日常使用優質且價廉的食材下廚，同時關愛自己的健康和地球環境。

我相信，本書會讓你愛上烹飪，並讓你與親友們在餐桌上度過美好的時光。

為此，在以下的食譜章節，我精選了100多道食譜，讓各位能掌握製作經典法式佳餚時，不可或缺的技術。在挑選食譜時我意識到，這些菜式多半皆為法國家常菜，是我們能在週末與家人和朋友們一起享用的菜餚。再次強調，本書旨在為大眾提供能每天在家也可無負擔，輕鬆製作的菜餚，並配合選用優質、簡單、價格實惠的食材，以滿足每個人的需求。

正如你所觀察到的，本書不僅是食譜書，還是你在廚房裡的好幫手，協助你培養正確的烹飪習慣，使用當季且優質的食材；讓你掌握烹飪成功的關鍵，並享受烹飪的樂趣。

在此提供一些指引，以便各位有效利用本書。如同在市場選購食材，本書食譜依照使用的主要食材進行章節分類。這將有助於購物、組織菜單，尤其是根據個人的口味調整食譜。因此，請隨意在肉類相關章節中選擇一道菜，在「蔬菜」章節中選擇你喜歡的食譜當作配菜，讓你更享受烹飪的過程。我希望你能成為自家廚房的主人，做出自己的決定。此外，不需猶豫，請保持彈性，依需求調整食譜，或替換食材。本書提供的是經典食譜中的基礎，就像我經常說的，沒有基礎就沒有創造；一旦掌握了基礎，就輪到你發揮創意，進行調整和創作。

最後，在食譜中，虛線分隔線前的步驟，可事先準備。上菜當日，請再依照「上菜當天」的步驟進行即可。

願你成為廚房的主人！

Les recettes

食 譜

SAUCES醬汁

青醬PESTO 66

美乃滋MAYONNAISE 67

法式油醋汁VINAIGRETTE 68

法式白醬BÉCHAMEL 69

伯納西醬SAUCE BÉARNAISE 70

塔塔醬SAUCE TARTARE 71

藍乳酪醬SAUCE ROQUEFORT 72

胡椒醬汁SAUCE AU POIVRE 73

芥末醬汁SAUCE MOUTARDE 74

絲滑醬汁SAUCE SUPRÊME 75

紅酒醬汁SAUCE AU VIN ROUGE 76

白酒醬汁SAUCE AU VIN BLANC 77

荷蘭醬汁SAUCE HOLLANDAISE 78

海鮮醬汁SAUCE CRUSTACÉS 79

PESTO
青醬

六人份

準備時間： 10 分鐘

材料

大蒜 4 瓣

帕馬森起司 30 克

新鮮羅勒 60 克

松子 20 克

鹽

紅辣椒粉 3 小撮

橄欖油 20 毫升

芝麻油 50 毫升

烹調步驟

1 大蒜去皮、去除中間的蒜芽。

2 將帕馬森起司刨成大片狀。

3 將新鮮羅勒去梗，留下葉片。將羅勒葉、帕馬森起司、松子，放置於食材調理機內均質或於石缽內搗碎。直至得到光滑的糊狀醬汁。

4 低速攪拌的同時，慢慢加入橄欖油與芝麻油。

5 於冷藏下保存，直至使用前。盡早食用。

小訣竅： 可保留製作其他料理所剩下的胡蘿蔔或櫻桃蘿蔔邊角料，將其攪碎後，加入配方裡，製作出美味又獨特的青醬！

MAYONNAISE
美乃滋

四人份
準備時間： 10 分鐘

材料
蛋黃 2 個
第戎芥末醬 15 克
白醋 2 小匙
鹽
黑胡椒
葵花油 200 毫升

保存方式
於密封盒中，冷藏下可保存兩天

烹調步驟

1 在大碗或鋼盆中，使用打蛋器，充分混合雞蛋與芥末醬，之後持續攪拌，加入白醋、鹽、黑胡椒。

2 一邊攪拌，一邊慢慢加入葵花油。

小提示： 有什麼比上好的自製美乃滋，更適合搭配我的炸魚薯條（p.172）呢？

VINAIGRETTE
法式油醋汁

六人份
準備時間： 5 分鐘

材料
第戎芥末醬 20 克
芥末籽醬（moutarde à
　l'ancienne）10 克
雪莉醋 50 毫升
鹽
黑胡椒
葵花油 150 毫升

保存方式
於常溫下，可保存三週，故建議
　可一口氣大量製作

烹調步驟
1　在大碗中，以打蛋器攪拌兩種芥末醬、雪莉醋、鹽、胡
椒。

2　一邊攪拌，一邊慢慢加入葵花油。

　　小訣竅： 加入一點柳橙或橘子汁，為你的法式油醋汁，
帶來柑橘香。

BÉCHAMEL

法式白醬

四至六人份
準備時間：5 分鐘
烹調時間：10 分鐘

材料
奶油 20 克
麵粉 20 克
牛奶 300 毫升
鹽 4 小撮
（肉豆蔻粉 1 小撮）

保存方式
於密封盒中，冷藏下可保存兩天

烹調步驟

1 在大平底鍋內，融化奶油後，加入麵粉。一邊加熱一邊以打蛋器攪拌，直到麵糊呈現淺棕色（褐油糊 roux brun）。

2 加入牛奶、肉豆蔻粉，以中火加熱並持續攪拌，直到醬汁增稠為止。

SAUCE BÉARNAISE
伯納西醬

四人份
準備時間： 10 分鐘

材料
紅蔥頭 1 個
龍蒿 4 支
車窩草（cerfeuil）15 克
黑胡椒碎粒 1 小匙
醋 200 毫升
蛋黃 6 顆
白酒 100 毫升
鹽
奶油 300 克

烹調步驟

1 紅蔥頭去皮後，切成細末，放入鍋中。

2 香料植物的葉片切成細末，保留待用。至於香料植物的梗，則與胡椒一起放入含有紅蔥頭的鍋中。加入醋煮至沸騰。持續加熱，直至醋幾乎蒸發。

3 將全蛋的蛋黃分出來。將白酒加入鍋中後，離火加入蛋黃、鹽，再一邊將打蛋器以八字形攪拌，一邊以小火加熱。切勿過度加熱，鍋子的溫度，應保持在能以手觸碰鍋底而不被燙傷的程度。

4 當醬汁呈現緞帶狀（也就是打蛋器移動時，能看到其在鍋底移動過的痕跡），將火力調到最小，慢慢加入奶油。最後，將醬汁過篩，並加入步驟二所切碎的香料植物葉片。

SAUCE TARTARE
塔塔醬

四人份
準備時間： 10 分鐘

材料

香料植物與醃漬食品
車窩草（cerfeuil）
龍蒿 15 克
蝦夷蔥（ciboulette）15 克
歐芹（persil）
酸豆（câpre）40 克
酸黃瓜 60 克

美乃滋
蛋黃 2 個
第戎芥末醬 15 克
白醋 2 小匙
鹽
黑胡椒
葵花油 200 毫升

保存方式
於密封盒中，冷藏下可保存兩天

烹調步驟

1 香料植物去梗，將葉片切細。

2 將酸豆與酸黃瓜切碎。

3 製作美乃滋（參見p.67），加入香料植物、酸豆及酸黃瓜。

SAUCE ROQUEFORT
藍乳酪醬汁

四人份
準備時間： 10 分鐘

材料
大蒜 1 瓣
藍乳酪（roquefort）80 克
鮮奶油 300 毫升
法國巴斯克紅辣椒粉（Piment
　d'Espelette）

保存方式
於密封盒中，冷藏下可保存三天

烹調步驟
1 大蒜去皮後，切成蒜末。

2 在鍋中以大火，翻炒蒜末但小心不要燒焦，之後加入藍乳酪、鮮奶油、巴斯克紅辣椒粉。加熱至沸騰。

3 使用均質機均質，直到醬汁質地滑順。

SAUCE AU POIVRE
胡椒醬汁

四人份
準備時間： 10 分鐘

材料
奶油 20 克
綠胡椒
干邑白蘭地 50 毫升
牛高湯（p.228）250 毫升
鹽
鮮奶油 200 毫升
黑胡椒

保存方式
於密封盒中，冷藏下可保存三天

烹調步驟
1 在鍋中，將奶油以中火加熱，直至顏色成爲榛果般的焦黃色。

2 加入綠胡椒與黑胡椒粒、干邑白蘭地，煮至微滾時，使用打火機，焰燒（flamber）液體。

3 加入牛高湯、以鹽調味，煮至沸騰。

4 沸騰後轉小火，加入鮮奶油，並將鍋中的胡椒粒稍微以湯匙壓碎。

5 依個人喜好，可在最後加入一點點的干邑白蘭地。

SAUCE MOUTARDE
芥末醬汁

四人份
準備時間： 10 分鐘

材料
紅蔥頭 2 個
雪莉醋 50 毫升
鮮奶油 400 毫升
（法國巴斯克紅辣椒粉〔piment
　d'Espelette〕）
第戎芥末醬 10 克
芥末籽醬（moutarde à
　l'ancienne）1 大匙

保存方式
於密封盒中，冷藏下可保存三天

烹調步驟
1 紅蔥頭去皮後，切成細末。

2 將紅蔥頭與雪莉醋於鍋中加熱至沸騰。

3 加入鮮奶油，再次加熱至沸騰。

4 加入第戎芥末醬（依個人喜好可加入紅辣椒粉），用打蛋
器充分攪拌，離火後再加入芥末籽醬即可。

SAUCE SUPRÊME
絲滑醬汁

四人份
準備時間：10 分鐘

材料
白酒 200 毫升
鮮奶油 200 毫升
雞高湯（p.184）250 毫升
奶油 20 克
黃檸檬 ½ 個
（法國巴斯克紅辣椒粉〔piment
　d'Espelette〕

烹調步驟

1 將白酒在鍋中，以大火加熱濃縮收乾，直至只剩下不到50毫升的棕色液體。

2 等待白酒濃縮的同時，於冰冷的鋼盆中，將鮮奶油打發至體積為兩倍，且質地細密。

3 白酒收乾後，加入雞高湯，繼續加熱濃縮，直到只剩一半的量。加入奶油、半顆檸檬的汁（可依個人喜好，加入法國巴斯克紅辣椒粉）。

4 鍋子離火，加入打發鮮奶油：在此階段，醬汁應已停止沸騰。

SAUCE AU VIN ROUGE
紅酒醬汁

四人份
準備時間： 10 分鐘

材料
紅蔥頭 2 個
大蒜 1 瓣
奶油 10 克
紅酒 500 毫升
黑胡椒碎粒
月桂葉 1 片
新鮮百里香 2 支
白糖 1 小撮
牛高湯（p.228）400 毫升
鹽
（法國巴斯克紅辣椒粉〔piment
　d'Espelette〕）

保存方式
於密封盒中，冷藏下可保存三天

烹調步驟

1 紅蔥頭去皮後，切成細末。

2 大蒜用刀背壓碎。

3 在鍋中，以中火融化一半份量的奶油，並加入紅蔥頭翻炒，直到紅蔥頭上色。加入紅酒、黑胡椒碎粒、月桂葉、大蒜、百里香、糖，加熱煮沸，收汁至只剩下不到50毫升的棕色液體。

4 加入牛高湯，並以鹽調味。

5 將醬汁過濾後，以小火加熱，一邊攪拌一邊加入剩餘的奶油（可依個人喜好，加入法國巴斯克紅辣椒粉）。

SAUCE AU VIN BLANC
白酒醬汁

四人份
準備時間： 10 分鐘

材料
紅蔥頭 2 個
奶油 20 克
白酒 300 毫升
魚高湯（p.160）300 毫升
鮮奶油 300 毫升
鹽
法國巴斯克紅辣椒粉（Piment d'Espelette）
綠檸檬 1 個

保存方式
於密封盒中，冷藏下可保存三天

烹調步驟

1 紅蔥頭去皮後，切成細末。

2 在鍋中，以小火翻炒奶油與紅蔥頭，直到紅蔥頭上色。加入白酒，加熱收汁至只剩下一點水分。

3 完成收汁後，加入魚高湯，繼續加熱濃縮，直至體積減半。加入鮮奶油，煮至微滾。

4 以鹽和法國巴斯克紅辣椒粉調味，加入檸檬汁。

5 使用手持式均質調理棒，或是食物調理機，將醬汁均質後，過篩。

SAUCE HOLLANDAISE
荷蘭醬汁

四人份
準備時間： 10 分鐘

材料
奶油 200 克
蛋黃 6 顆
白酒 100 毫升
法國巴斯克紅辣椒粉（Piment d'Espelette）
鹽
黃檸檬 1 個

烹調步驟
1 將奶油切成小塊後，放置於冷凍庫。

2 分蛋，將取得的蛋黃直接放置於中型大小的鍋內，並加入白酒、法國巴斯克紅辣椒粉、鹽。使用打蛋器，一邊以8字型攪拌，一邊以小火加熱。

3 當荷蘭醬汁呈現緞帶狀，也就是打蛋器移動時，能看到其在鍋底移動過的痕跡，就代表煮好了。

4 轉至小火，慢慢加入切成塊的奶油。

5 最後加入檸檬汁即完成。

SAUCE CRUSTACÉS
海鮮醬汁

四人份
烹調時間： 15 分鐘
靜置時間： 1 小時

材料
胡蘿蔔 200 克
洋蔥 100 克
番茄 200 克
大蒜 2 瓣
小型螃蟹 500 克（亦可使用小龍
　蝦等甲殼類的殼）
橄欖油
月桂葉 2 片
百里香 4 支
干邑白蘭地 100 毫升
鮮奶油 600 毫升

保存方式
於密封盒中，冷藏下可保存兩天

烹調步驟

1 蔬菜削皮。將胡蘿蔔切片、洋蔥切成細末。番茄切成塊狀。大蒜用刀背壓碎。

2 將螃蟹切成兩到四塊，或將小龍蝦等甲殼類的殼壓碎。

3 炒鍋中加入橄欖油，以大火翻炒第二步驟的材料約5分鐘。確認螃蟹轉為紅色後，加入第一步驟準備的材料。

4 加入干邑白蘭地，加熱至微滾時，用火焰燒（flamber）。加入鮮奶油，鮮奶油應能淹過螃蟹。以小火加熱5分鐘。離火後，加上蓋子，靜置約一小時，使鍋內材料風味能滲入鮮奶油中。

5 一小時後，再次沸騰約1分鐘，過濾後即完成。

BASES基礎配方

麵粉的購買與選用指南

法國麵粉的分類：T65, T80, 半全麥麵粉（SEMI-COMPLÈTE）……

法國麵粉的字首T是「type」的縮寫，代表穀物的精製程度。精製是將穀物外皮去除的過程，數值愈高，穀物保留的麩皮及其中的纖維、礦物質、微量元素和維生素就愈多。相反，數值愈低，麵粉麩皮部分被去除的程度就愈高，其營養價值較低。

	T0	T45	T55	T65	T80	T110	T150
商品名稱	精製白麵粉				Bise半麥麵粉* 半全麥麵	全麥麵粉	全粒麵粉
使用方式	披薩麵團	甜點、餅乾	法國長棍麵包 鄉村麵包 甜點、餅乾	餅乾 吐司麵包 維也納麵包 布里歐麵包	半全麥麵包	全麥麵包	全粒麵包

*將全麥麵粉與白麵粉混合，是個很好的折衷方案。

既然如此，爲何我們還是需要精製麵粉呢？全麥麵粉質地較粗，也較難攪拌均勻，故此類麵粉，較常使用於追求「樸實」口感的烘焙產品中。相反的，當麵粉精製程度愈高，愈容易獲得質地均勻的麵團，故常使用於製作糕點。

麵粉的替代與使用建議

Farine d'épeautre
斯佩耳特小麥粉

爲現代小麥的遠祖，斯佩耳特小麥比起現代小麥麵粉更富含營養，且更容易消化。主要用於製作麵包，但也可用於製作可麗餅，替料理帶來少許堅果和榛果的香味。含有麩質。

Farine de maïs
墨西哥玉米粉（譯註：俗稱玉米麵粉）

無特殊香味，適用於製作墨西哥薄餅、法式起司泡芙（gougère）、鹹蛋糕等。爲良好的營養來源（鎂、鐵）。不含麩質。

Farine de châtaigne
栗子粉

栗子粉風味濃郁，適用於糕點製作與麵粉混合，增添香味。爲良好的鎂來源、富含纖維（比T45多6倍）。不含麩質。

Farine de sarrasin
蕎麥粉

適用於製作布列塔尼薄餅和塔類，其風味也非常適合搭配巧克力，試試我的餅乾食譜吧（p.302）！是極佳的礦物質來源，含有優質蛋白質。不含麩質。

Farine de pois chiches
鷹嘴豆粉

廣受素食者歡迎，通常與穀物麵粉搭配使用，為良好的優質蛋白質來源。亦是鎂、鐵、鈣……等礦物質的絕佳來源，且富含纖維。不含麩質。

Farine de riz
米粉

常用於增稠料理，例如替雞高湯、濃湯增加稠度。如果是全穀物米粉，營養價值會更高。不含麩質。

Farine d'avoine
燕麥粉

非常適合運動量大者，可用來製作自製穀物棒。為非常優秀的營養來源。含或不含麩質。

Fécule de maïs (maïzena)
玉米澱粉（maïzena） （譯註：俗稱玉米粉）

與前述的墨西哥玉米粉不同，玉米澱粉不是玉米精製研磨後的產物，而是一種澱粉提取物。可用於糕點製作，使口感更輕盈，或使醬汁更濃稠。不含麩質。

由此可見，穀物粉類的選擇，取決於使用方式。雖然T55是隨處可見的麵粉，但就口感和營養而言，並不是最佳的選擇。請隨意混合其他穀物粉類與精製麵粉，以調整菜餚的口感和風味。一般而言，使用無麩質的穀物粉類時，麵團的彈性會較差。

注意事項
農藥殘留物主要集中在穀物的外殼中，因此建議在使用全麥麵粉時，應優先採用有機生產的產品，以減少農藥殘留的風險。

標籤
AOP／AOC 法定產區認證
布列塔尼黑麥／蕎麥麵粉、科西嘉栗子粉、佩里戈爾核桃粉、上普羅旺斯斯佩耳特小麥粉

糖類的購買與選用指南

各式各樣的糖：紅糖、棕色砂糖、結晶冰糖……
棕色砂糖可從多種植物中提取。其中最常見的是甘蔗和甜菜。

Sucre complet ou sucre brut
非精製糖

在不同的產地，有不同的稱呼，如Rapadura, muscovado, panela, gur……。

由甘蔗冷壓榨取的汁液，進行脫水製成，被稱為「非精製糖」。以最原始的形式，保留了甘蔗所有的營養素。建議各位嘗試一下，即使只有一次，以體驗其與眾不同的味道，並感受其豐富的風味（甘草〔réglisse〕、焦糖……）。

Sucre cassonade roux, brun, blond…
紅糖、黑糖、黃糖（又稱棕色砂糖、二砂）

由甘蔗汁的結晶製成，特徵為質地黏稠，略帶香草味。糖的顏色會隨著糖蜜含有量而變化，從金黃到棕色再到紅褐色。其顆粒非常適合用來增加酥脆的口感，亦適合製作法式烤布蕾表層的焦糖（p.268）。

Sucre cristal blanc
白糖

使用甜菜根糖漿製作，過程較爲複雜，但與蔗糖有相似之處。質地顆粒與砂糖相近，但糖是白色的，即甜菜精煉後糖漿的顏色。晶粒比稍後會介紹的精製白砂糖稍大一點。

La vergeoise
棕色甜菜糖

卽使在某些國家被稱爲"紅糖"，但這與蔗糖所製作的紅糖，在原料和製程上完全不同。實際上，甜菜汁的味道並不好，因此總是被提煉成白糖，無任何香氣。棕色甜菜糖，則是將甜菜白糖加熱，使其顏色變深呈金至棕色而得，略帶焦糖味。

Le sucre blanc, semoule, fin en poudre
磨成細狀的精製白砂糖

爲最廣泛使用的糖。可從甘蔗或甜菜提煉製成。雜質的去除、加熱過程等製程因原料而異，但結果是相同的。

Le sucre glace
糖粉

研磨至非常細緻的白砂糖，其中添加了澱粉。由於具黏合性，常用於製作糕點表面的糖霜。

糖類的替代與使用建議

Miel
蜂蜜

蜂蜜是蜜蜂釀造的天然產品，有趣的是，根據蜜蜂採集的花草蜜源不同，蜂蜜的營養和味道也不同。從營養學的角度看，蜂蜜比糖好一點，但它仍然是糖。切記要查看成分列表（應只包括蜂蜜）以及蜂蜜的產地。

Banane mûre
成熟的香蕉

帶有自然的甜味，可使用過熟的香蕉進行烘焙，以防止食物浪費，同時也能取代蛋（一根熟香蕉取代兩顆蛋）。

Sirop d'agave
龍舌蘭糖漿

源自植物龍舌蘭的天然糖分。可用75克龍舌蘭糖漿代替100克糖，並依照質地的改變程度調整配方。

Sucre coco
椰子糖

椰子糖由椰子花蜜汁製成，營養豐富，富含維生素C。

簡單地說，如果您想做萬用糖，可使用白砂糖，但在製作過程中會損失營養成分（維生素和礦物質）；如果您想做出特別的口感，可以使用紅糖、糖粉或糖漿；如果您想做出獨特的味道，可以使用蜂蜜或全麥糖。別忘了，您的配料中可能含有天然甜味成分。

注意事項

葡萄糖漿是從玉米澱粉中提取的，從營養學角度來看，毫無維生素礦物質，主要用於工業生產的食品。

PÂTE À CHOUX
泡芙麵糊

泡芙麵糊是法式傳統料理中的經典，亦是我最喜歡的食譜之一。
一旦掌握泡芙製作的訣竅後，你就能製作數種或甜或鹹的料理，
例如法式起司泡芙（gougère，p.248），或香緹鮮奶油泡芙（p.264）。
就如大家所知道的，我對甜食情有獨鍾！

六人份
準備時間： 25 分鐘
烹調時間： 20 至 25 分鐘

材料
奶油 100 克
牛奶 125 毫升
水 125 毫升
鹽 4 小撮
麵粉 150 克
全蛋 4 顆 + 蛋黃 1 個

保存方式
冷凍保存

烹調步驟

1 烤箱預熱到攝氏180度。

2 將奶油切成小塊，在鍋中與牛奶、水、鹽一起加熱使之融化。沸騰後，將鍋離火。

3 將麵粉一次倒入鍋中，不斷攪拌，直到麵團質地均勻。之後再將鍋放回爐火上加熱，持續攪拌，讓麵團水分收乾。當麵團不再沾黏鍋壁，鍋底出現麵糊薄膜時，離火冷卻。

4 將四顆全蛋，一個一個慢慢加入麵團中。加入蛋液時，必須用力充分攪拌，直至第一個全蛋的蛋液已充分與麵團混合時，才能加入下一顆蛋。

5 將混合均勻的麵糊，放入裝有花嘴的擠花袋中。在鋪有烘焙矽膠墊或烘焙紙的烤盤上，依食譜需要，擠上大小合適的泡芙麵糊。

6 將蛋黃攪拌均勻後，用刷子將蛋黃液刷在泡芙的表面。小心不要刷太厚，以免多餘的蛋黃液流至泡芙底部。

....

上菜當天
7 將泡芙入烤箱烘烤20至25分鐘。烘烤期間，不可打開烤箱門。

PÂTE À PÂTES FRAÎCHES
新鮮義大利麵麵團

義大利麵就是用此麵團製作的！材料非常簡單，一旦熟悉了其製作方法，我保證你將愛上在家自製義大利麵。當年在Meulien主廚的米其林餐廳工作時，我負責製作義大利麵麵團：我想我製作的麵條或許長達一公里呢！在本書中，可在香蒜蛤蜊義大利麵（食譜p.178）、卡波那拉蛋黃培根義大利麵（p.210）、蔬菜千層麵（p.144）以及我著名的蘑菇義式麵餃（p.134）中找到它的蹤影，但它也可以單純搭配胡椒和義大利的綿羊起司（pecorino）或佩科里諾奶酪（Cacio e Pepe）一起享用。

約600克的麵團
準備時間：10 分鐘
烹調時間：30 分鐘

材料
麵粉 350 克
蛋黃 260 克（約等於 13 顆蛋黃）
橄欖油 3 大匙
鹽 4 克

保存方式
冷凍保存
避免與空氣接觸，冷藏下可保存
兩天

烹調步驟

1 將麵粉放入鋼盆或電動攪拌機的攪拌缸中，再加入其他的材料，揉麵幾分鐘，直到麵團質地均勻且柔軟。如果麵團過軟或過硬，可添加一些麵粉或水調整軟硬度。

2 於室溫下，將麵團蓋上濕布，靜置30分鐘。

上菜當天

3 以擀麵棍，將麵團擀平。

4 使用義大利麵專用壓麵機，將麵團擀壓成薄片，並依食譜需要，裁切成不同形狀，例如：義大利鳥巢麵（tagliatelle）為寬長條狀、義大利餃為正方形、義大利直麵為細長條狀⋯⋯

5 在擀壓階段，別忘了適時使用手粉（麵粉），防止麵皮沾黏。

天婦羅麵糊

一旦掌握天婦羅麵糊的製作,將能讓許多食材帶有酥脆的外皮。
本書使用此麵糊,製作著名的炸魚薯條(p. 172)。一般而言,天婦羅麵糊多與蝦子、
蔬菜搭配,但我鼓勵各位,利用此麵糊來包覆更多食材!

四到六人份
準備時間: 5 分鐘
烹調時間: 1 小時

材料
麵粉 160 克
玉米粉 10 克
鹽 6 小撮
蛋黃 2 個
啤酒或氣泡水 300 毫升

保存方式
於密封盒中,冷藏下可保存兩天

烹調步驟

1 將麵粉、玉米粉、鹽於鋼盆內混合均勻後,中間做出一個小坑。

2 將蛋黃與啤酒,倒入小坑,並用打蛋器,慢慢與周圍的粉類混合均勻。之後充分攪拌,直至麵糊細緻光滑、質地均勻。

3 在使用前,將麵糊冷藏一小時。

PÂTE À BURGERS
漢堡麵包

法國料理書裡出現漢堡？嗯，你沒搞錯，法國是熱衷於漢堡的國家之一。
沒必要覺得丟臉，漢堡已深入我們的飲食文化，美味的漢堡實在令人難以抗拒！
建議在家自製富含風味的漢堡麵包，接下來，就只剩下夾入你喜歡的配料了。

六份麵包
準備時間：30 分鐘
烹調時間：15 至 20 分鐘
靜置時間：1 小時 45 分鐘

材料
牛奶 250 毫升
新鮮酵母 18 克
軟化奶油 40 克
麵粉 500 克
蛋黃 3 個
鹽 4 小撮
（芝麻顆粒 60 克）

保存方式
冷凍保存

烹調步驟

1 將100毫升的牛奶加熱到微溫。在小碗內，將新鮮酵母分散成小碎片狀，並加入微溫的牛奶。攪拌至新鮮酵母完全溶化在牛奶裡。放置10到15分鐘。

2 溫熱剩餘的150毫升牛奶、將軟化的奶油切成小塊。在鋼盆或電動攪拌機的攪拌缸中，放入麵粉、2顆蛋黃、第一步驟的酵母與牛奶混合液、鹽。之後再加入剩餘的牛奶與奶油，利用手或鉤型攪拌器，揉麵攪拌約12分鐘，直至麵團表面光滑、質地具有彈性。

3 將麵團放入鋼盆中，蓋上濕布。在室溫發酵至少1小時30分鐘，直至麵團體積為兩倍大。

4 烤箱預熱到攝氏200度。

5 將麵團分割為六份，於手中滾圓麵團，使每份麵團形狀一致。將麵團放在鋪有烘焙矽膠墊或烘焙紙的烤盤上。

6 在小碗裡，將最後一顆蛋黃與一點水打散做成蛋液。用刷子在麵團上刷上蛋液。

（**7** 撒上芝麻，入烤箱烘烤15到20分鐘。）

PÂTE À PIZZA
披薩麵團

年輕時，我可以一口氣吃掉兩個披薩，因為實在是太美味了！尤其，當自製的披薩麵皮，
加上依個人喜好選擇的配料，美味程度更是無與倫比。

Buon appetito !（義大利語：好好享受美食！）

兩份麵團

準備時間：35 分鐘
烹調時間：10 分鐘
靜置時間：1 小時 15 分鐘

材料

牛奶 25 毫升

新鮮酵母 12 克

麵粉 250 克

鹽 7 克

水 125 毫升

橄欖油 25 毫升

+ 額外準備一點塗在烤盤上

保存方式

冷凍保存（整團麵團，或擀壓後
　的麵皮皆可）

烹調步驟

1　將牛奶加熱到微溫。在小碗內，將新鮮酵母分散成小碎片
狀，並加入微溫的牛奶。攪拌至新鮮酵母完全溶化在牛奶裡。
放置10到15分鐘。

2　在鋼盆或是電動攪拌機的攪拌缸中，放入麵粉、鹽。再加
入水、橄欖油、第一步驟的酵母與牛奶混合液。利用手或鉤型
攪拌器，揉麵攪拌約10至12分鐘。

3　將麵團放入鋼盆中，蓋上濕布。在室溫下發酵一小時，直
到麵團體積為兩倍大。

4　烤箱預熱到攝氏250度以上，不開旋風。

5　在工作檯上撒上些許手粉（麵粉），使用擀麵棍，將麵團
擀壓為圓盤狀麵皮。將麵皮放在鋪有烘焙矽膠墊或烘焙紙的烤
盤上。

6　將喜歡的配料擺上麵皮，入烤箱烘烤10分鐘。

PÂTE BRISÉE
油酥麵團

油酥麵團不但製作方便,且適用於或甜或鹹的食譜,是法式料理不可或缺的技巧之一。
它適用於法式洋梨塔(p. 286)、法式布丁塔(p. 260)、蛋白霜檸檬塔(p.292)
和我最喜歡的反轉蘋果塔(p. 280)。報告完畢!

四到六人份
準備時間:15 分鐘
烹調時間:15 分鐘

材料
麵粉 220 克
蛋黃 1 顆
水 40 毫升
鹽 2 小撮
軟化奶油 100 克

保存方式
冷凍保存(整團麵團,或擀壓後
　的麵皮皆可)
於密封盒中,冷藏下可保存兩天

烹調步驟

1 將麵粉放入鋼盆,中間做出一個小坑。

2 將蛋黃、水、鹽放入小坑中,並用手慢慢與周圍的麵粉混合,揉捏成團。

3 最後,將奶油切成小塊,慢慢加入麵團中。用手揉捏麵團,直到麵團表面光滑、質地均勻。在室溫下靜置一小時。

4 烤箱預熱到攝氏180度。

5 在烘焙矽膠墊或烘焙紙上擀壓麵團,麵皮大小至少要超過塔模或可調節塔圈外圍三公分以上。將塔皮入模至塔模或可調節塔圈,裡面加與塔皮等高入的乾豆(或重石)。

....

上菜當天

6 放入烤箱烘烤15至20分鐘,盲烤塔皮(cuisson à blanc)。

譯注:盲烤,為單烤塔皮至半熟或全熟。

PÂTE À CRÊPES

可麗餅麵糊

提到可麗餅麵糊，第一個映入腦海的，就是童年我與兄弟姊妹的回憶。
拋起平底鍋將可麗餅翻面、夾入自家製的果醬……可麗餅，是道讓大家回到童年的點心。
你亦可在第290頁，找到成人風味的橙酒可麗餅食譜。

六人份
準備時間： 10 分鐘
烹調時間： 1 小時

材料
奶油 40 克
全蛋 4 顆
麵粉 250 克
白糖 40 克
牛奶 600 毫升
（橙花水 1 大匙，亦可使用蘭姆酒、
　Grand Marnier 橙酒……）

保存方式
於密封盒中，冷藏下可保存三天

烹調步驟

1　將奶油融化。

2　在鋼盆裡，將全蛋、麵粉、白糖以打蛋器攪拌均勻。

3　一邊高速攪拌，一邊加入牛奶以及橙花水。

4　最後加入融化的奶油，攪拌至麵糊質地均勻。

5　在使用前，將麵糊於冰箱靜置至少一個小時。

法式油炸麵糊

法式炸蘋果甜甜圈（p. 284）、炸西洋梨、淋上巧克力……沒有什麼能比美味的油炸糕點更誘人了！亦可直接將原味麵糊製作成油炸小圓球pets-de-nonne（譯註：口感類似炸甜甜圈）。我祖母做的油炸小圓球好吃到難以置信，很可惜的，我和父親嘗試很多次，卻再也沒有重現過祖母的味道。

四人份
準備時間：15 分鐘

材料
全蛋 2 顆
白糖 20 克
麵粉 200 克
啤酒 150 毫升
牛奶 150 毫升

保存方式
於密封盒中，冷藏下可保存三天

烹調步驟

1 分蛋，將蛋白與蛋黃分離。使用電動打蛋器，或是在鋼盆內手打，將蛋白打發至鳥嘴狀。

2 在另外一個鋼盆中，先將白糖與蛋黃攪拌均勻，之後再慢慢加入麵粉。

3 加入啤酒與牛奶，使用打蛋器攪拌至麵糊表面光滑，且質地均勻。

4 最後，使用橡皮刮刀，將第一個鋼盆內打發的蛋白，加入第二個鋼盆的麵糊中，混合過程必須輕柔，以避免蛋白消泡。

MERINGUE FRANÇAISE
法式蛋白霜

沒有比這個食譜更能讓你充分利用多餘的蛋白了！要製作馬林糖（meringue）、蛋白霜檸檬塔（p.292）、巴伐洛娃蛋白餅（pavlova，p.294），必須先學習法式蛋白霜的製作。

四人份
準備時間：15 分鐘
烹調時間：4 小時

材料
蛋白 3 個
白糖 150 克（等同於一顆蛋的蛋白，配上 50 克的白糖）

保存方式
烘烤完畢後，常溫乾燥密封下，可保存一週

飲品搭配
熱綠茶或熱茉莉綠茶

烹調步驟

1 烤箱預熱到攝氏90至95度，開旋風。

2 將蛋白使用電動攪拌器打發至鳥嘴狀，如果你有勇氣的話，也可以試著用手打發。無論哪種方法，都必須將蛋白打到堅挺。一旦打發後，再慢慢加入白糖繼續攪拌，白糖能使蛋白霜的氣泡更細緻穩定。

3 將打好的蛋白霜，填入裝有擠花嘴的擠花袋中，並在鋪有烘焙矽膠墊或烘焙紙的烤盤上擠花。

4 放入烤箱烘烤至少四小時，直到蛋白霜完全烘乾。

ÉPICERIE小菜與主食
烹調用油脂的購買與選用指南

烹調油脂的選擇眾多，各有利弊，且風味與質地也不盡相同。油脂的營養成分，或多或少取決於其精煉程度，在烹調過程中，也會因溫度而改變。簡而言之，要探究此議題，都能寫成一本專書了。在此，我們將專注於最常見的烹飪油脂，依其用途區分，以便各位能更清楚地理解它們。

烹調方式

高溫烹調

進行超過攝氏180度的油煎、烤、炸時，請選用耐高溫且價格較平易近人的中性油，例如：

• 精煉芥花油
• 精煉葵花油
• 標有「適合高溫煎炸」的油，例如高溫煎炸橄欖油

至於肉類，在最後烹調加熱結束前可將溫度降低，使用奶油等發煙點較低的油脂，以增添風味。

低溫烹調

進行重新加熱料理、烹煮魚類與蔬菜等，低於攝氏180度的烹調時，有兩種選擇：

• 價格平實的中性油
  –精煉芥花油
  –精煉葵花油
  –精煉花生油
  –精煉葡萄籽油
• 能為料理增添香味的油
  –橄欖油
  –奶油
  –鴨油

增添風味

優先選擇帶有風味且其風味能與菜餚內食材搭配的油，在烹調過程或烹調完成時使用此類油脂。

Huile d'olive橄欖油

油界的皇后，具有各式各樣的風味與產地特色，能讓料理的風味提升到另一個層次。建議在家準備兩種橄欖油，一瓶基本的為烹煮用，另一瓶初榨橄欖油則用於調味。橄欖油富含多元不飽和脂肪酸omega-6與單元不飽和脂肪酸omega-9。

Huile de sésame芝麻油

非常適合為沙拉帶來少許的烤培味與亞洲風情，富含多元不飽和脂肪酸omega-6與單元不飽和脂肪酸omega-9。

Huile de colza芥花油

為多元不飽和脂肪酸omega-3優質來源，其多元不飽和脂肪酸omega-3與多元不飽和脂肪酸omega-6的比例非常好，且富含維生素E。

Huile de noix胡桃油

帶有胡桃特有的味道，非常適合與其相配的食材一起使用。富含多元不飽和脂肪酸omega-3。

Huile de noisette榛果油

帶有榛果風味，非常適合與其相配的食材一起使用。為維生素E的優質來源。

Huile de lin亞麻仁油

風味特殊，為多元不飽和脂肪酸omega-3的優質來源。

Huiles vierges初榨油

初榨油為未經精煉處理的油，其味道與品質完好如初，各種不同的初榨油，皆有其不同的風味。

標籤

AOC/AOP法定產區認證

橄欖油：艾克斯普羅旺斯地區、科西嘉島、上普羅旺斯地區、恩德普羅旺斯山谷地區、尼斯、尼姆（Nîmes）、尼永（Nyons）、普羅旺斯地區、朗格多克地區

現在，你已知道如何依不同的用途與場合，選擇合適的烹飪油，我鼓勵你再進一步，多多品嘗和發掘你喜歡的油產品。發揮創意，混合不同種類的油，或是加入香料植物浸泡，創造屬於你自己的烹飪風格。

注意事項

油脂對光線非常敏感，應避免光照。

TABOULÉ
中東塔布勒沙拉

既美味又實惠的夏季明星菜餚，且易於攜帶，能作爲中午便當的菜式，
或在朋友家聚會時帶去與大家一起分享。
別猶豫，一次準備多一點吧，以便隔天再次享用！

四人份

準備時間：30 分鐘
烹調時間：5 至 10 分鐘
靜置時間：1 小時 30 分鐘

材料

北非小米／研磨粗到中等的古斯
　米 250 克
鹽、胡椒
辣椒粉 3 小撮
水
（咖哩粉 1 大匙）
番茄 2 顆
青椒 1 顆
新鮮薄荷 5 支
新鮮羅勒 5 支
新鮮香菜 5 支
橄欖油 50 毫升
雪莉醋 50 毫升
（Tabasco 辣椒醬）

保存方式

在密封盒中，於冷藏下可保存兩
　天

餐酒搭配建議

波爾多 clairet 輕紅葡萄酒

烹調步驟

1 將水、咖哩粉、辣椒粉，於大鍋中煮至沸騰。北非小米放置於鋼盆中，加入高於小米一公分的熱水，封保鮮膜，靜置吸水5至10分鐘。當北非小米膨脹後，以叉子將其攪拌弄鬆。

2 番茄去皮並切成規則的小方塊，如果想去除過多的籽，可稍微在篩網中以水沖除。

3 將青椒依長邊切爲兩半後去除青椒籽，再切成規則的小方塊。

4 將香料植物去梗，葉片切成細末。

5 在北非小米中，加入切成小方塊的番茄與青椒、切成細末的香料植物、橄欖油與雪莉醋。用鹽與黑胡椒調味後，可依照喜好，加入幾滴Tabasco辣椒醬。

6 冷藏後食用。

　　小訣竅：你知道白花椰菜也能用來替中東塔布勒沙拉增添風味嗎？很簡單，只要將白花椰菜洗乾淨並將其磨碎即可。

POTAGE CONTI

法式小扁豆湯

這是在法國餐飲學校一定會學習的一道食譜！雖然因其樸實的外表而常被忽視，
但法式小扁豆湯真的非常美味，值得一試……我敢保證，你一定會愛上這道菜。

六人份
泡水 ： 一晚
準備時間 ： 35 分鐘
烹調時間 ： 25 至 40 分鐘

材料
油炸麵包塊
麵包 60 克
大蒜 5 瓣
新鮮歐芹（persil）3 支
橄欖油 2 大匙

扁豆湯
胡蘿蔔 2 根
洋蔥 1 個
烹調用油 1 大匙
豬三層肉 250 克
乾燥小扁豆 250 克
白酒 50 毫升
水 175 毫升
粗鹽
黑胡椒

保存方式
於冷藏下可保存三天，亦可冷凍
　保存（油炸麵包塊除外）

餐酒搭配建議
薄酒萊新酒類型的紅葡萄酒

烹調步驟
1　前一晚，先將乾扁豆浸泡於兩倍量的水中。

2　將麵包切成立方狀。壓碎一瓣大蒜，並將歐芹切成細末。橄欖油入平底鍋加熱，加入切成立方狀的麵包塊與壓碎的蒜瓣持續翻炒。當麵包塊翻炒至金黃色後，加入切碎的歐芹，放置於一旁備用。

3　將胡蘿蔔削皮、洋蔥去皮後，切成大塊。將剩下的大蒜去皮、去除中間的蒜芽。

4　在另一個鍋子加熱烹調用油後，加入切成塊狀的豬三層肉翻炒。加入胡蘿蔔、洋蔥、大蒜，以大火加熱，並不時攪拌，直到食材上色。

5　加入泡過水的小扁豆以及白酒。倒入水、一小撮粗鹽，直至沸騰。沸騰後轉小火，燜煮25至30分鐘

6　當小扁豆烹煮完成後，使用食物調理機均質。

7　上桌時，加入油炸麵包塊一起享用。

小訣竅：我的小小樂趣，就是自製一點煙燻鱈魚奶油醬（crème de haddock fumé），加入小扁豆湯裡，使其風味更加濃郁。

SALADE DE LENTILLES VERTES
綠小扁豆沙拉

乾燥綠小扁豆不但富含鐵質,且容易保存。
在法國,陽曆新年有吃綠小扁豆的習俗,以求得整年錢財滾滾來。

四人份
泡水 : 1 晚
準備時間 : 20 分鐘
烹調時間 : 25 至 30 分鐘

材料
胡蘿蔔 1 根
洋蔥 1 個
大蒜 1 瓣
新鮮蝦夷蔥(ciboulette)10 支
芥花油 1 大匙
(可添加 5 至 20 克的奶油,以增添風味)
乾燥綠色小扁豆 240 克
白酒 50 毫升
水或牛高湯(p.228)700 毫升
新鮮或乾燥的百里香(thym)1 支
新鮮或乾燥的月桂葉 2 片
粗鹽
黑胡椒
法式油醋汁(p.68)

保存方式
在密封盒中,於冷藏下可保存三天

餐酒搭配建議
法國羅亞爾河產區,酒體輕盈的紅酒

烹調步驟

1 前一晚,先將乾燥綠色小扁豆浸泡於兩倍量的水中。

2 將胡蘿蔔削皮、洋蔥去皮後,切成小立方骰子狀。大蒜去皮、去除中間的蒜芽、並用刀背壓碎。 蝦夷蔥切成細末。

3 在大型深底鍋中,加熱芥花油及奶油,將胡蘿蔔、洋蔥、大蒜以大火翻炒,使食材能充分包裹上油脂,加熱直到胡蘿蔔軟化。

4 加入泡開的綠色小扁豆、白酒、牛高湯、百里香與月桂葉。使用鹽調味後,烹煮25分鐘。要注意,小扁豆應該烹煮至口感鬆軟,卻不可過度烹煮至成泥。

5 當綠色小扁豆烹煮完成,加入胡椒攪拌,並瀝乾水分。將百里香與月桂葉取出。

6 將烹煮完的綠色小扁豆放在鋼盆裡,入冰箱冷卻。

7 完全冷卻後,加入法式油醋汁及蝦夷蔥細末即可。

SALADE DE HARICOTS BLANCS

白腰豆沙拉

這道沙拉，可使用你手邊既有的豆類製作，
在法國眾多的白腰豆裡，在此我選擇塔布白腰豆（tarbais）製作。
在法國，也可以使用coco或lingot品種的白腰豆，來製作本食譜。

四人份
泡水 ： 一晚
準備時間 ： 25 分鐘
烹調時間 ： 40 分鐘

材料
法國塔布白腰豆 240 克
胡蘿蔔 1 根
洋蔥 1 個
大蒜 3 瓣
奶油 20 克
芥花油
橄欖油 150 毫升
雪莉醋 100 毫升
新鮮或乾燥的百里香 2 支
水或雞高湯（p.184）1 公升
粗鹽
煙燻三層肉
黑胡椒
新鮮蝦夷蔥（ciboulette）10 支
鹽

保存方式
在密封盒中，於冷藏下可保存三
　天

餐酒搭配建議
法國西南產區 Gaillac 紅酒

烹調步驟

1 於鋼盆中，將白腰豆浸泡於兩倍量的冷水中（建議至少泡一整晚）。

2 將胡蘿蔔削皮、洋蔥去皮後，切成小立方骰子狀。大蒜去皮、去除中間的蒜芽、並用刀背壓碎。

3 在鍋中加熱一大匙油及奶油，並翻炒洋蔥幾分鐘。加入瀝乾的白腰豆、胡蘿蔔、大蒜與百里香，並加入雞高湯。使用粗鹽調味後，烹煮約30分鐘，直至白腰豆質地變軟。

4 在等待白腰豆烹煮時，利用時間將煙燻三層肉切成小塊，並在平底鍋裡加入1大匙芥花油，翻炒切成塊的煙燻三層肉。

5 當白腰豆煮好時，加入翻炒完的三層肉及其油脂。加入黑胡椒攪拌均勻，瀝乾水分並放置冷卻。

6 蝦夷蔥切細後，在碗中與雪莉醋及橄欖油混合。

7 將白腰豆調味，加入步驟6的油醋汁與鹽和胡椒。要確保白腰豆與油醋汁充分混合均勻。

小訣竅： 可將煙燻三層肉換成莫爾托香腸（saucisse de Morteau），讓你的白腰豆沙拉味道更有層次！

RISOTTO
義大利燉飯

義大利有眾多絕不能錯過的美食，而義大利燉飯就是其中之一。

Grazie！（義大利文：謝謝）

四到六人份

準備時間：10 分鐘

烹調時間：20 至 25 分鐘

材料

洋蔥 1 個

橄欖油 1 大匙

奶油 10 至 20 克

義大利燉飯用米 350 克

白酒 100 毫升

水 850 毫升

鹽

黑胡椒

馬斯卡彭起司（mascarpone）
　100 克

帕馬森起司粉 50 克

（綠檸檬 半顆）

保存方式

在密封盒中，於冷藏下可保存兩
　天

烹調步驟

1　洋蔥去皮後，切成細絲。

2　橄欖油與奶油入平底鍋加熱後，將洋蔥細絲炒至金黃。

3　加入燉飯用米，攪拌至米粒呈現半透明。

4　加入白酒、水（高度與米同高即可），加熱至沸騰。沸騰後轉小火，並一邊攪拌，一邊分次加入剩下的水。

5　離火後，加入馬斯卡彭起司與帕馬森起司粉，攪拌均勻。

6　上菜前，可依喜好加入綠檸檬皮屑。

小訣竅：可用牛高湯（p. 228）、雞高湯（p. 184）、蔬菜高湯（p. 120）、魚高湯（p. 160）取代食譜中的水，使義大利燉飯風味更濃郁。

RIZ PILAF

香料飯

相信我，試過本食譜的方法來烹飪米飯後，你將以全新的觀點看待米飯料理。
讓我們一起探索如何透過簡單、低成本的食材做出一道美味佳餚！

四到六人份
準備時間 ： 10 分鐘
烹調時間 ： 35 分鐘

材料
洋蔥 1 個
奶油 30 克
芥花油 1 大匙
長米 300 克
白酒 100 毫升
水 450 毫升
新鮮或乾燥的百里香 2 支
新鮮或乾燥的月桂葉 2 片
鹽
黑胡椒

保存方式
在密封盒中，於冷藏下可保存兩
　天

烹調步驟

1　洋蔥去皮後，切成細絲。

2　烤箱預熱到攝氏180度。

3　在能入烤箱加熱的炒鍋或是深底平底鍋，加熱奶油與芥花油，並翻炒洋蔥細絲，直到質地變軟卻還沒上色的程度。

4　在鍋中加入米，攪拌至米粒完全包覆油脂後，再加入白酒、水、百里香和月桂葉。以鹽調味。

5　加熱至沸騰後，將鍋子蓋上鍋蓋，入烤箱烹煮15至20分鐘。之後試吃，以確認調味與烹煮程度。

6　當米烹煮完成後，以叉子攪散。

小訣竅：可用牛高湯（p. 228）、雞高湯（p. 184）、蔬菜高湯（p. 120）、魚高湯（p. 160）取代食譜中的水，替香料飯增添風味。

CASSOULET
法式燉白豆

法式燉白豆的起源眾說紛紜，尤其是Castelnaudary卡斯泰爾諾達里、
Carcassonne卡卡頌和Toulouse土魯斯這三個城市，更是對這道菜的起源爭得不可開交。
嗯，我決定在此食譜使用西南地區的版本。別忘了，燉白豆煮得愈久，就愈美味！

六人份

泡水： 一晚

準備時間： 25分鐘

烹調時間： 至少三小時

材料
法國塔布白腰豆 600 克
胡蘿蔔 400 克
洋蔥 250 克
大蒜
煙燻豬三層肉 150 克
牛高湯（p.228）
土魯斯香腸 500 克
油封鴨腿 500 克
月桂葉 2 片
百里香 1 支

保存方式
在密封盒中，於冷藏下可保存三
天

餐酒搭配建議
Cahors 紅酒

烹調步驟

1 於鋼盆中，將白腰豆浸泡於兩倍量的冷水中（建議至少浸泡一整晚）。

2 胡蘿蔔削皮、洋蔥去皮。將胡蘿蔔切成塊狀、洋蔥切為四等份、用刀背壓扁大蒜。

3 先在平底鍋中，以大火翻炒切成塊狀的煙燻豬三層肉。之後將炒過的三層肉移至燉鍋中，並加入泡過水的白腰豆、胡蘿蔔、洋蔥、大蒜、牛高湯、月桂葉與百里香。

4 以文火將燉鍋內的食材，燉煮一小時。

5 在平底鍋中，以大火煎香腸與鴨腿，將食材以及其油脂，一起加入燉煮白腰豆的燉鍋中。

6 烤箱預熱到攝氏200度

7 在深底烤盤上，鋪上燉鍋內的白腰豆與蔬菜。燉鍋內的醬汁，一部份淋在烤盤上，與食材等高，剩餘的醬汁，則是留在烘烤期間，澆淋於食材上。最後依個人喜好擺上香腸與鴨腿。將烤盤入烤箱至少兩小時。加熱期間不時攪拌食材，讓豆類能與醬汁充分混合。

小訣竅：隔天享用，會更入味。

LÉGUMES蔬菜料理

蔬果的採買與挑選指南

如何才能購買到風味最濃郁的蔬果？如果你身處於擺滿形狀與大小劃一的蔬果的超市，貨架上在多天陳列著不合時節的番茄，那就選錯地方了。首先，我們必須了解產地及栽培方式，及其對蔬果品質的影響，之後再選擇你想購買的品項。此外，在挑選蔬果時，不要被外觀迷惑，要知道，樸質且外表有點瑕疵的蘋果，往往比大量生產而整齊劃一的蘋果，具有更多的滋味。

季節性

挑選與使用當季的蔬果，是基礎中的基礎，我們已在〈法則十一〉深入討論過其益處。如果無法很好地掌握各式水果與蔬菜的產季，也不用擔心，只要慢慢留意與學習，漸漸地你也能夠熟悉其產季。請使用本書附錄中，315頁及後續的產季月曆作為參考。

產地

採買時，要留意蔬果的產地標籤，優先選擇運輸路程最近的蔬菜。當運輸所需的時間愈短時，蔬果才能在愈接近成熟時採收，同時，短程運輸對環境的負擔也較少。必須謹記，當蔬果運輸的距離愈長，且需依賴愈多不同的運輸方式時，品質往往不會那麼好。另外，居住地區附近的在地小農，或是在地特產，也是很好的選擇。

栽培方式

傳統與理性農業：佔產量90%

在上文，我們已充分了解產地及產季的重要性，現在我們要來討論栽培方式，並思考不同的栽培方式，對健康的影響。市面上多數的蔬果，皆是以傳統農業方式栽培。為了培育種子與幼苗，必須使用殺蟲劑與合成肥料。在推廣農業永續的影響下，現在傾向使用較少的農藥；但關於農藥使用量，則無固定規範。

「零農藥殘留」

此標示，代表了蔬果的農藥含量在進行實驗室檢測時，低於限定值。如果農藥含量超出限定值，則無法冠以「零農藥殘留」標籤出售，而是以上文的傳統農業方式出售。此彈性，讓農民在必要的時候，能使用農藥對抗蟲害，以保持產量。

有機栽培：佔產量10%

蔬果有機栽培最大的特色，在於不使用任何化學農藥、肥料或基因改造產品，理論上能使消費者的健康受到進一步的保障。為何說是「理論上」呢？在食用空運進口的有機香蕉時，有沒有思考過，嗯，為了長程運輸，蔬果被做了什麼處理？當然，我們不會因為食用了經過特殊處理的香蕉而被送上救護車。但接下來，我們要談談其他限制更嚴格的栽培手法。

農村生態保育與農業永續經營

除了保護消費者外，此類耕作法旨在於保護與經營生態多元性，並維護自然生態環境。利用造林、輪作、間作等手法，實踐農業永續經營，使土壤能提供作物所需的養分。永續農業此理念，可依各地區農業環境不同而因地制宜，提供每個耕作環境所需的作法與實施對策。

注意事項

在使用有機栽培的蔬菜時，請連皮一起食用：有機蔬菜的皮可食用，並可為菜餚帶來更豐富的滋味以及營養成分。

相反的，在處理非有機栽培的蔬菜時，需要適度地去除外皮，因為外皮往往是殺蟲劑濃度最高的地方。

保存方式

冰箱

關於保存手法等細節，請參閱第277頁。

BOUILLON DE LÉGUMES
蔬菜高湯

蔬菜高湯與製作其他高湯的原理相同，旨在提取食材風味，作爲其他食譜的基底。

本配方，僅使用數種蔬菜，但亦可依個人喜好，添加其他的蔬菜。

另外，在日常烹飪過程中剩餘的邊角料、蔬菜皮等，亦可保留用來製作蔬菜高湯。

兩公升的蔬菜高湯

準備時間： 15 分鐘

烹調時間： 2 小時 10 分鐘

材料

胡蘿蔔 3 根

新鮮西芹 1 根

甜蒜 1 根（只取綠色部分）

球莖茴香（fenouil）1 個

蕪菁 1 個

洋蔥 1 個

大蒜 5 瓣

（一些作料理剩下的洋菇邊角料）

（一些作料理剩下的新鮮歐芹
（persil）梗）

橄欖油 3 大匙

白酒 200 毫升

水 3 公升

丁香（clous de girofle）6 顆

八角 4 顆

新鮮或乾燥的百里香 4 支

新鮮月桂葉 2 片

粗鹽

保存方式

於密封盒中，冷藏下可保存兩天

亦可將蔬菜高湯煮至濃縮後，倒
入製冰塊的模型內，於冷凍室
冷凍保存。

烹調步驟

1 清洗所有的蔬菜，不用去皮。

2 將蔬菜連皮切成大塊。

3 洋蔥去皮後，切成小立方狀。

4 大蒜去皮、去除中間的蒜芽、並用刀背壓碎。

5 在燉鍋內熱油後，翻炒所有的蔬菜。

6 加入白酒、水、香料與香草植物。最後加入粗鹽調味，不
蓋蓋子，以小火烹煮兩小時。

7 將烹煮完成的高湯過濾即可。

**小訣竅：蔬菜高湯，可取代水，用來烹煮魚類料理，或
是製作醬汁。**

POIREAUX VINAIGRETTE
甜蒜佐法式油醋汁

這可是法國小酒館的固定菜餚之一。烹調甜蒜的方式就像製作法式油醋汁一樣簡單！

兩人份
準備時間：10 分鐘
烹調時間：25 分鐘

材料
粗大的甜蒜 3 根
紅蔥頭 1 個
奶油 10 克
橄欖油 10 毫升
粗鹽
白酒 60 毫升
牛高湯（食譜 p.228）或水／其他
　高湯 500 毫升
（麵粉 50 克）
　鹽
新鮮歐芹（persil）2 支
新鮮蝦夷蔥（ciboulette）10 支

法式油醋汁 （p.68）
第戎芥末醬 20 克
芥末籽醬 10 克
雪莉醋 50 毫升
鹽
橄欖油 150 毫升
黑胡椒

保存方式
於密封盒中，冷藏下可保存兩天

餐酒搭配
帶有礦物質韻味的法國羅亞爾河
　（La Loire）白酒

烹調步驟

1 將甜蒜從白色與綠色部分相接處切開，並切除根部。保留根部與綠葉，根部將用於製作本食譜步驟七的炸甜蒜根，綠葉則可用於製作蔬菜高湯（p.120）。接著開始清洗甜蒜莖部，為了去除沙土，在白色莖部上端（靠近綠色部位的地方）切十字，並將此部分泡在水中約15分鐘。（如果趕時間，亦可使用清水直接沖洗此部分）

2 製作法式油醋汁（p. 68），冷藏備用。

3 將甜蒜白色莖部切成段狀。

4 紅蔥頭去皮後，切成細絲。

5 在燉鍋內加熱奶油後，翻炒紅蔥頭至柔軟卻還未上色的程度。

6 在燉鍋中加入切成段狀的甜蒜白色莖部、粗鹽、白酒與牛肉高湯。蓋上鍋蓋，以小火慢煮20分鐘，直到甜蒜白色莖部變軟。

（**7** 利用燉煮甜蒜白色莖部的時間，將油鍋加熱，製作香炸甜蒜根。清洗第一步驟切下的甜蒜根部，並沾上麵粉，入油鍋。呈現金黃色後放在廚房紙巾上吸油，並用鹽與胡椒調味）

8 當甜蒜白色莖部煮好後，用篩網將其撈起。過濾燉鍋內的湯汁，保留紅蔥頭的部分。

9 將歐芹去梗，與蝦夷蔥一起切成細末。

10 將甜蒜白色莖部盛盤，上面淋上法式油醋汁，並加上紅蔥頭、香料植物，以及香炸甜蒜根。

小訣竅：燉煮甜蒜白色莖部前，可先在平底鍋以高溫炙烤一下表面，如此一來，完成的甜蒜佐法式油醋汁將帶有少許煙燻風味。

MACÉDOINE DE LÉGUMES
什錦蔬菜沙拉

什錦蔬菜沙拉可是法國的全體國民記憶，學校餐廳一定會出現的菜式！
當細節都處理到位時，真的是非常非常好吃：試試看此食譜，
一定能顛覆你對蔬菜沙拉的印象！至於沙拉裡的美乃滋，當然是使用自家做的。

四人份
準備時間： 25 分鐘
烹調時間： 10 分鐘
靜置時間： 30 分鐘

材料
馬鈴薯 2 個
蕪菁 2 個
胡蘿蔔 2 根
四季豆 120 克
新鮮或乾燥的歐芹 4 支
新鮮或乾燥的龍蒿 4 支
鹽
去掉豆莢的碗豆 120 克
黑胡椒

美乃滋 （p.67）
蛋黃 2 顆
第戎芥末醬 15 克
白醋 2 小匙
鹽
黑胡椒
葵花油 200 毫升

保存方式
於密封盒中，冷藏下可保存兩天

餐酒搭配
普羅旺斯白啤酒或粉紅啤酒

烹調步驟

1 馬鈴薯、蕪菁、胡蘿蔔削皮後，切為邊長一公分的立方體。（請將切好的蔬菜丁依照種類分開，因為之後進行汆燙時，所需時間不同）

2 四季豆撕除纖維，依據長度，切為兩到三份。

3 將歐芹與龍蒿去梗，切成細末。

4 煮沸一鍋鹽水，依種類分別汆燙蔬菜，時間如下：蕪菁兩分鐘、紅蘿蔔兩分鐘，馬鈴薯三分鐘，四季豆與碗豆一分鐘。使用篩網將蔬菜撈起後，冷卻30分鐘。

5 等待冷卻時，在鋼盆內準備美乃滋（p.67）。

6 當蔬菜充分冷卻後，與美乃滋充分混合。

7 加入香料植物並調味。

小訣竅： 在什錦蔬菜沙拉裡加入一點濃味蒜香美乃滋醬（sauce rouille），將為你的什錦蔬菜沙拉增添南法風情。

RÉMOULADE DE CÉLERI-RAVE AUX POMMES
芹菜根沙拉

我知道很多人對這道菜有偏見，真是太可惜了。（譯註：這邊指的應該是指法國營養午餐的團膳，往往軟趴趴出水）其實製作精良的芹菜根沙拉，是非常可口誘人的呢。在此配方，我利用青蘋果來添加一點酸味，如果你不喜歡，也可選擇不使用青蘋果。

六人份
準備時間： 30 分鐘

材料
芹菜根（céleri-rave）500 克
青蘋果 2 顆
新鮮蝦夷蔥（ciboulette）10 支
（綠檸檬 1 顆）
芥末籽醬 1 大湯匙
鹽
黑胡椒

美乃滋 （p.67）
蛋黃 2 顆
第戎芥末醬 15 克
白醋 2 小匙
鹽
黑胡椒
葵花油 200 毫升

保存方式
於密封盒中，冷藏下可保存兩天

烹調步驟

1 先準備美乃滋（p.67），並冷藏備用。

2 將芹菜根去除外皮，使用多功能蔬果切片器切成細條，此作業亦可使用刀子、蔬果刨絲器、能切絲的多功能調理機來完成。

3 除去青蘋果的籽，如同第二步驟的芹菜根，切成細條狀。

4 將蝦夷蔥切碎。

5 將青檸檬汁擠壓在鋼盆中，放入切細的芹菜根、蘋果、美乃滋醬，攪拌均勻。之後加入芥末籽醬跟切碎的蝦夷蔥，以鹽和黑胡椒調味。

小訣竅： 以辣根取代美乃滋醬中的第戎芥末，將為你的沙拉添加獨特的風味。

法式洋蔥湯

這是新婚夫婦的第一道菜，傳統上於婚禮結束時提供給賓客享用；
確實，被奶油包覆的焦糖洋蔥，加上金黃色的起司，使這道菜極適合在美好場合食用。
千萬不要跟我一樣，失去理智而放入太多起司呀！

四人份

準備時間：20 分鐘

烹調時間：1 小時 15 分鐘

材料

大顆洋蔥 2 個

葵花油 1 大匙

奶油 40 克

白酒 100 毫升

水或鄉村蔬菜燉牛肉的汁液 1 公升

法國長棍麵包 100 克

橄欖油 2 大匙

鹽

黑胡椒

格呂耶爾起司（gruyère）細絲 170 克

保存方式

於密封盒中，冷藏下可保存三天，亦可冷凍保存。（麵包丁請另外保存）

餐酒搭配

圓潤有個性的隆河谷地村莊白酒

烹調步驟

1 洋蔥去皮後，切成細絲。

2 在燉鍋中，將葵花油與奶油加熱至榛果色。加入洋蔥細絲，並不斷翻炒至洋蔥呈現美麗的焦糖色。

3 加入白酒與蔬菜燉牛肉的汁液，以小火加蓋燉煮45 分鐘後，以鹽調味。

4 等待燉煮期間，將烤箱預熱到攝氏160度，此溫度較低，是為了防止過度加熱橄欖油而超過發煙點。

5 將法國長棍麵包切成薄片，並使用烘焙刷在表面塗上橄欖油，放置在烤盤上，入預熱至攝氏160度的烤箱烘烤，直至麵包片呈現金黃色。如果不使用橄欖油，也可直接將麵包片放入烤麵包機中烘烤。

6 麵包片完成後，移出烤箱，冷卻後切成適當大小。重新將烤箱預熱到攝氏250至300度。

7 準備能入烤箱焗烤的器皿，將熱騰騰的洋蔥湯倒入，並在器皿中放入切成適當大小的麵包片。撒上刨成絲狀的格呂耶爾起司，入烤箱焗烤至起司融化且變為金黃。

小訣竅：手邊沒有法式蔬菜燉牛肉湯？沒關係，可依個人喜好，使用其他高湯替代。

VELOUTÉ DE LÉGUMES
蔬菜濃湯

我選擇初秋食材栗子南瓜來製作濃湯。一旦掌握了本食譜所包含的濃湯製作技巧，
便可應用於其他種類的南瓜或當季蔬菜（胡蘿蔔、韭蔥、蘑菇、蘆筍……等），
製作不同口味的濃湯。使用其他蔬菜時，製作原理相同，
但需根據所選蔬菜中所含的水分，適度調整食譜內的水量。

四人份
準備時間： 30 分鐘
烹調時間： 15 至 35 分鐘

材料
洋蔥 1 個
大蒜 2 瓣
栗子南瓜（potimarron）700 克
　（亦可使用其他當季蔬菜）
橄欖油 1 大匙
雞高湯（p.184）或蔬菜高湯
　（p.120）或水
鮮奶油 500 毫升
奶油 30 至 60 克
鹽
黑胡椒
（少許法國巴斯克紅辣椒粉
　〔piment d'Espelette〕）

保存方式
於密封盒中，冷藏下可保存三天，
　亦可冷凍保存。（麵包丁請另外
　保存）

餐酒搭配
清爽乾身（不具甜味），帶有果香
　的阿爾薩斯白酒

烹調步驟

1　洋蔥去皮後，切成細絲。

2　大蒜去皮、去除中間的蒜芽、並切成蒜末。

3　栗子南瓜去皮去籽，將瓜肉切成小塊

4　在燉鍋內熱油後，以小火，不將蔬菜上色的前提下，翻炒切成塊狀的栗子南瓜、洋蔥絲、蒜末。

5　將高湯加入燉鍋內。以小火燉煮，直到蔬菜煮透，之後加入鮮奶油與奶油。

6　將鍋內食材移至食物調理機內，均質至絲滑無顆粒。

7　以鹽、黑胡椒調味，可依個人喜好加入辣椒粉，趁熱上桌。

小訣竅： 如果想要濃湯質地與風味更有層次，可將蔬菜類食材在入鍋煮之前，先燒烤蔬菜表面。

RATATOUILLE
法式普羅旺斯燉菜

此菜因電影《料理鼠王》而廣爲世人所知！

謹記，一定要使用當季且完全成熟，充滿大自然恩惠的蔬菜。普羅旺斯燉菜滋味豐富，

卻清爽不厚重，我個人非常喜歡在夏天時，與香料飯（p. 114）一起食用。

（譯註：《料理鼠王》電影英文名即爲法式普羅旺斯燉菜法文原文Ratatouille）

四人份

準備時間：15 分鐘

烹調時間：1 小時

材料

番茄 4 個

櫛瓜 2 根

茄子 2 個

紅椒 1 個

青椒 1 個

（糯米椒 2 個）

洋蔥 2 顆

大蒜 4 瓣

橄欖油 50 毫升

新鮮百里香 2 支

新鮮月桂葉 1 片

蔬菜高湯（p.120）200 毫升

鹽

黑胡椒

保存方式

於密封盒中，冷藏下可保存三天

搭配建議

冷蔬菜高湯

烹調步驟

1 櫛瓜切開去籽後，與茄子及番茄切成小立方狀。

2 將紅椒與青椒（可依喜好加入糯米椒），對半切，去除種籽以及內部薄膜，切成細絲。

3 洋蔥去皮後，切成細絲。

4 大蒜去皮、去除中間的蒜芽、並用刀背壓碎。

5 在燉鍋內以大火熱油，翻炒番茄、洋蔥、大蒜，直到食材稍微上色。油鍋中取出放置一旁備用。

6 在平底鍋中，以大火「分別」快炒，切成小立方狀的櫛瓜、茄子、紅椒與青椒（糯米椒）。當每種食材炒至稍微上色時，便取出，放置一旁備用。

7 最後，將所有食材放置於燉鍋中，加入百里香、月桂葉、蔬菜高湯。以小火烹煮40分鐘，再以鹽調味。

小訣竅：吃剩的燉菜，可用食物調理機均質，變身為搭配義大利麵上等的醬汁，亦可搭配烤魚享用。

RAVIOLES DE CHAMPIGNONS

蘑菇義式麵餃

此配方為我的餐廳招牌菜的簡易版，內餡少了鴨肝醬。由於蘑菇等菌類
一年四季都可取得，請依自己的喜好與季節，嘗試使用不同的菇類製作內餡。
至於麵餃皮，當然是使用自家製的義大利麵麵團製作囉！

六到八人份
準備時間：1 小時 30 分鐘
烹調時間：30 分鐘
靜置時間：1 小時

材料
蘑菇 750 克
紅蔥頭 3 個
大蒜 6 瓣
新鮮歐芹（persil）5 支
橄欖油
鹽
黑胡椒
白酒 230 毫升
鮮奶油 450 毫升
切碎的新鮮蝦夷蔥（ciboulette）
　10 支（亦可用歐芹等香料植物
　取代……）

新鮮義大利麵麵團 （p.86）
麵粉 175 克
蛋黃 130 克
橄欖油 ½ 大匙
鹽 2 克

保存方式
生的麵團，於密封盒中，冷藏下
　可保存兩天

餐酒搭配
富含風味的勃艮第白酒，或酒體
　輕盈的羅亞爾河 (La Loire) 紅酒

烹調步驟

1　先製作新鮮義大利麵麵團（參見食譜p.86，但材料使用本配方的量）。麵團完成後，靜置30分鐘。

2　利用麵團靜置的時間，準備內餡。蘑菇洗淨切除梗，依照大小切成四或六等分（至於切除的蘑菇梗，則保留於醬汁的製作）。紅蔥頭去皮後，切成細絲。大蒜去皮、去除中間的蒜芽。將歐芹去梗，葉片切成細末。

3　在平底鍋中，以大火加熱兩大湯匙的橄欖油，快速翻炒蘑菇、兩個紅蔥頭、大蒜。離火後加入歐芹，並以鹽和胡椒調味。在砧板上，將鍋內的食材切成碎末狀。

4　製作醬汁：在鍋中以小火加熱兩大湯匙的橄欖油，翻炒第三個紅蔥頭。加入蘑菇梗，並以鹽調味，持續加熱，直到蘑菇梗的水分完全蒸發。加入白酒，並加熱濃縮至一半的份量。加入鮮奶油並再加熱5至10分鐘。離火後均質，直到醬汁光滑無顆粒，以鹽和胡椒調味，放置於一旁備用。

5　當麵團充分靜置後，分成兩半，以義大利麵專用壓麵機擀平。將擀平後的麵皮切成大方塊，在麵皮中心放上一大湯匙的內餡。利用甜點刷，在麵皮相接的兩邊塗上水，並將另一側的麵皮重疊於上，得到三角形的麵餃。別忘了將麵皮好好壓緊，並在烹煮前，靜置至少30分鐘。

上菜當天

6　在大鍋中煮滾鹽水，利用篩網托著麵餃，烹煮兩分鐘。煮熟後瀝乾並擺放在盤子中。淋上醬汁，以鹽和胡椒調味，最後撒上切碎的蝦夷蔥。

法式蔬菜鹹派

當你手邊有過多的蔬菜，卻不知道該製作哪道料理時，蔬菜鹹派是最好的選擇。
在此配方，我們使用櫛瓜當作示範，
但亦可混搭甜椒、番茄、胡蘿蔔、白花椰菜等符合時令的蔬菜來製作。

四人份
準備時間： 20 分鐘
烹調時間： 30 至 35 分鐘

材料
櫛瓜 800 克（亦可使用其他當季
　蔬菜）
大蒜 2 瓣
新鮮百里香 2 支
奶油 10 克
橄欖油 3 大匙
（法國巴斯克紅辣椒粉〔piment
　d'Espelette〕6 小撮）
鹽
全蛋 6 顆
鮮奶油 300 毫升
牛奶 200 毫升
黑胡椒

保存方式
於密封盒中，冷藏下可保存三天

餐酒搭配
普羅旺斯粉紅葡萄酒

烹調步驟

1 櫛瓜清洗後切成長段。之後沿著長邊下刀剖開兩次，去除中心部分，將保留部分斜刀切成菱形片狀。

2 大蒜去皮、去除中間的蒜芽、並切成蒜末。

3 將百里香切碎。

4 將模具塗上奶油。

5 在平底鍋中以大火熱油，翻炒櫛瓜、大蒜、百里香、辣椒粉，並以鹽調味。當蔬菜呈現金黃色時，放入模具中。

6 烤箱預熱到攝氏180度。

7 在鋼盆中，攪拌混合全蛋、鮮奶油、牛奶，並以鹽調味。

8 將鋼盆中的蛋汁，倒入放有櫛瓜的模具中，隔水加熱30到35分鐘（請直接使用熱水進行隔水加熱）。

小訣竅： 如果家中有烤肉爐，可先燒烤櫛瓜，再將其放入模具，為你的鹹派帶來一點煙燻味。

LÉGUMES RÔTIS
香烤蔬菜

這道以烤箱烘烤的蔬菜食譜,非常容易製作。在此我選擇使用芹菜根,或許並不常見,
但大家在試過之後,一定會愛上芹菜根獨特的滋味!在此食譜的烹調技巧上,你亦可
舉一反三,試著使用其他你喜歡的食材,例如白花椰菜、防風草(panais)、蕃薯。

四人份
準備時間:20 分鐘
烹調時間:1 小時 40 分鐘

材料
芹菜根(céleri-rave)一顆
大蒜 2 瓣
葵花油 2 大匙
奶油 20 克
新鮮百里香 2 支
鹽

保存方式
於密封盒中,冷藏下可保存三至
四天

烹調步驟

1　烤箱預熱到攝氏200度。

2　芹菜根去皮、大蒜連皮用刀背壓碎。

3　以中火在具有深度的平底鍋內熱油,將整顆芹菜根表面上
色。加入奶油、大蒜、百里香,以鹽調味,再繼續煮幾分鐘,
期間不斷以湯匙將鍋內帶有香料香氣的奶油,澆淋至芹菜根
上。

4　入烤箱烘烤至少1小時15分,視芹菜根大小調整烘烤時間。
烘烤期間,時不時將烤盤上的汁液澆淋至芹菜根上。最後以刀
子插入芹菜根,確認烹煮程度。

5　將烤芹菜根切為四等份,與烤盤上的奶油汁液一起放回具
有深度的平底鍋,以中火烹煮。直至切面充分包覆奶油,且完
全上色。

小訣竅:烤過的芹菜根,除了直接食用,亦可用食物調
理機打碎,製成蔬果泥。

LÉGUMES BRAISÉS

煎烤蔬菜

在先前的食譜中，我們已在蔬菜濃湯（p.130）與香烤蔬菜（p.138）這兩個食譜中
介紹了蔬菜烹煮的手法。現在，我們要介紹第三種重要的料理手法：煎烤蔬菜，
在此我們選用球莖茴香（fenouil）作為示範。

兩人份

準備時間： 10 分鐘

烹調時間： 1 小時 10 至 1 小時
30 分鐘

材料

胡蘿蔔 2 根

新鮮西芹 1 根

洋蔥 ½ 個

大蒜 2 瓣

球莖茴香 2 個

橄欖油 2 大匙 5

魚高湯（p.160）500 毫升 或 蔬菜
高湯（p.120）／雞高湯（p.184）
／水

新鮮百里香 1 支

粗鹽

鹽

黑胡椒

保存方式

於密封盒中，冷藏下可保存三天

烹調步驟

1 胡蘿蔔削皮，切成小立方形狀。

2 新鮮西芹切成細絲。

3 洋蔥去皮後，切成細絲。

4 大蒜去皮、去除中間的蒜芽、並用刀背壓碎。

5 將球莖茴香綠梗部分，切為細末。白色球莖部分，則切為
兩半。

6 烤箱預熱到攝氏190度。

7 以大火在具有高度的平底鍋內熱油，將球莖茴香上色，上
色時，球莖切面面向鍋底，凸起部分向上。將上色完成的茴香
取出備用，在鍋中翻炒胡蘿蔔、西芹、洋蔥、大蒜，直至食材
上色。

8 轉為小火，在鍋中加入球莖茴香、魚高湯／蔬菜高湯／水
（依照個人喜好選擇）、百里香。以粗鹽調味，入烤箱烘烤45
分鐘至1小時，視球莖茴香大小調整烘烤時間。最後以刀子插
入球莖茴香，確認烹煮程度。

9 出爐後試味道，依需要調整調味。

小訣竅：如果做太多煎烤蔬菜來不及吃完，可用食物調
理機打碎，自製上等蔬果泥。

GRATIN DE CHICONS

法國苦苣焗烤火腿

我的母親出生於法國與比利時交界的亞爾丁省（Ardennes），
爲了向母親致敬，菜餚名採用法國北部的慣稱"gratin de chicons"，
說穿了，就是平時我們說的法國苦苣焗烤火腿"endives au jambon"。
很多人會害怕法國苦苣獨特的苦味，別急，在此食譜中，我將傳授減少苦味的訣竅。

（譯註：法國苦苣外觀類似白菜心，又稱爲苦白菜，常用於沙拉中。在法稱作endive，而在法國北部及比利時，則稱爲chicon）

四人份
準備時間： 15 分鐘
烹調時間： 45 至 50 分鐘

材料
檸檬 1 個
法國苦苣（endive）3 個
烹調用油 1 大匙
奶油 15 至 30 克
白砂糖 1 大匙
鹽
黑胡椒
火腿肉 4 片
格呂耶爾起司（gruyère）細絲
　100 克

法式白醬（p.69）
奶油 20 克
麵粉 20 克
牛奶 300 毫升
鹽 4 小撮

保存方式
於密封盒中，冷藏下可保存兩天

餐酒搭配
艾爾淡啤酒

烹調步驟

1 製作法式白醬（p.69）。

2 將檸檬擠出汁。

3 將法國苦苣沿著長邊切爲兩半，並將最下角葉片相連處的中心，也就是苦味含量最高的地方，切除。

4 烤箱預熱到攝氏200度。

5 在平底鍋中加入烹調用油、奶油、白砂糖，以大火將切面面向鍋底的法國苦苣，烹煮至呈現焦糖色。加入檸檬汁與淹過食材的水，煮至沸騰。沸騰後轉中火，加蓋加熱20分鐘。

6 將法國苦苣從鍋中取出，放置在廚房紙巾上，以鹽與胡椒調味後，用火腿片包裹起來。

上菜當天

7 將捲好火腿的法國苦苣，放入焗烤盤內，淋上法式白醬。撒上格呂耶爾起司，入烤箱烘烤10至15分鐘。

小訣竅： 親愛的北法朋友們，我知道你們祖傳的配方已經夠好了，但如果可以的話，請試試在食譜裡加入一點柳橙汁（取代一半的水量）。相信我，這樣更好吃！

LASAGNES DE LÉGUMES
蔬菜千層麵

此配方製作方式與傳統的肉醬千層麵相似，但僅使用蔬菜做爲內餡。請依季節，選用當令的蔬菜。當你有過多剩餘蔬菜不知如何處理時，只要加上我的法式白醬配方（p. 69）和自家製新鮮義大利麵（p. 86），就能將蔬菜搖身一變變成千層麵。

六人份
準備時間：1 小時
靜置時間：1 小時
烹調時間：1 小時

材料
新鮮義大利麵麵團（p. 86）
麵粉 360 克
蛋黃 240 克
橄欖油

洋蔥 800 克
大蒜 60 克
彩椒 700 克
番茄 500 克
櫛瓜 700 克
茄子 700 克
奧勒岡 10 克
橄欖油
鹽
帕馬森起司

法式白醬（p. 69）
牛奶 1500 毫升
麵粉 120 克
奶油 120 克
肉豆蔻
迷迭香 2 支

保存方式
於密封盒中，冷藏下可保存兩天
亦可冷凍保存

餐酒搭配
波爾多粉紅葡萄酒

烹調步驟

1 製作千層麵所需要的新鮮義大利麵麵團。麵團完成後，置於鋼盆中，並覆蓋一塊微濕的布，靜置一小時。

2 將麵團擀開，直至長條狀，期間記得撒手粉，以方便操作。

3 清洗蔬菜。將大蒜與洋蔥去皮。

4 彩椒切爲四等份，去除裡面的種籽。番茄切爲三等份。將櫛瓜與茄子的蒂頭切除，沿著長邊切成四等份。

5 奧勒岡切成細末。 洋蔥切成細絲。大蒜切成蒜末。

6 烤箱預熱到攝氏180度。

7 在鋪有烤盤紙的烤盤或是烤網上，放上番茄、櫛瓜、茄子，淋上橄欖油與鹽，入烤箱烘烤30分鐘。

8 在鍋中加入橄欖油，以大火快炒洋蔥約30分鐘，直至洋蔥呈現焦糖色。利用等待洋蔥上色的時間，在另外一個鍋中，製作法式白醬（p. 69），並在烹飪快完成時，加入迷迭香，以小火加熱，以萃取迷迭香的味道。

9 在焗烤模內壁，塗上橄欖油。

10 在烤模內依序放上長條形的千層麵皮、法式白醬、洋蔥。之後以同樣的手法，依序放上茄子、櫛瓜、番茄、彩椒。最後表面鋪上麵皮與法式白醬。

11 撒上帕馬森起司，入烤箱以180攝氏度烘烤25至30分鐘。

小訣竅：亦可依個人喜好，在千層麵裡添加當季的蘑菇。

COUSCOUS DE LÉGUMES
蔬菜北非小米飯

北非小米（couscous）是法國最受歡迎的食材之一。本食譜為保留了傳統北非小米風味的蔬菜版本。是一道散發出迷人香料風味，適合共享的菜餚。

六人份
準備時間： 1 小時 40 分鐘
烹調時間： 2 小時

材料
乾燥鷹嘴豆 150 克
胡蘿蔔 500 克
蕪菁 500 克
櫛瓜 500 克
芹菜根 700 克
北非小米專用香料 2 大匙
奶油
哈里薩辣醬（harissa）1 小匙
肉桂
八角
北非綜合香料（Ras el-hanout）
北非小米 50 克
葡萄乾 100 克
橄欖油
薄荷 50 克
香菜 50 克

保存方式
於密封盒中，冷藏下可保存兩天

餐酒搭配
突尼斯 Sidi Brahim 酒莊粉紅葡萄酒

烹調步驟

1 將鷹嘴豆泡水至少 1小時。瀝乾備用。

2 蔬菜削皮。胡蘿蔔切成大條狀。蕪菁對切後，切成四等份或六等份。

3 櫛瓜切為八公分的長條，之後沿長邊對切，之後再對切，得到四塊長條型。

4 將芹菜根切成2公分厚，之後切成大三角形。

5 在燉鍋中，將一大匙的北非小米專用香料與奶油炒出香味，再加入櫛瓜以外的蔬菜。加入兩公升水、哈里薩辣醬、肉桂、八角、北非綜合香料，燉煮15至20分鐘，直到蔬菜烹煮完全（刀子可輕鬆刺入），再加入櫛瓜烹煮5至10分鐘。

6 在深底鍋中，將一大匙的北非小米專用香料與奶油炒出香味，加入泡開的鷹嘴豆，加入等高的水，烹煮兩小時。

7 將北非小米、葡萄乾，與500毫升蔬菜煮出的汁液，加蓋悶煮5分鐘，直到北非小米充分吸收水分。

8 用叉子將煮好的小米飯散開，並加入切塊的奶油或是橄欖油。

9 將薄荷與香菜切碎，加入菜餚。

小訣竅：可依個人喜好加入烘烤過的開心果。

GRATIN DAUPHINOIS
法式鮮奶油焗烤馬鈴薯

要不要用牛奶取代部分的鮮奶油？兩種做法都可行！
我是添加牛奶派的，且能跟你保證，加了牛奶非常好吃。
建議你可以在食用的前一天製作，因為隔天重新加熱的焗烤馬鈴薯，滋味更濃郁。

六人份
準備時間： 20 分鐘
烹調時間： 1 小時 20 分鐘

材料
奶油 10 克
馬鈴薯 1.2 公斤
大蒜 5 瓣
牛奶 400 毫升
鮮奶油 400 毫升
新鮮百里香 2 支
粗鹽

保存方式
於密封盒中，冷藏下可保存兩天

餐酒搭配
酒體輕薄的薄酒萊布依（Brouilly）
　紅酒

烹調步驟

1 將模具塗上奶油。若想要奶油味更濃郁，可將模具放入冰箱使奶油層冷卻後，再次塗抹奶油，依個人喜好，重複數次。

2 馬鈴薯削皮後，切成三毫米厚的薄片（不需沖水）。將薄片放置於模具內。

3 大蒜去皮、去除中間的蒜芽、並用刀背壓碎。

4 在鍋中，將牛奶、鮮奶油、百里香、壓碎的大蒜，加熱至沸騰。以一小撮粗鹽調味。

5 烤箱預熱到攝氏180度。

6 將鍋中煮沸的牛奶與鮮奶油，過篩後倒入模具裡。

7 入烤箱烘烤約1小時15分鐘，直至食材熟透（刀能輕鬆刺入馬鈴薯）。

小訣竅： 告訴你廚藝節目Top Chef的小訣竅──使用氮氣瓶製作焗烤馬鈴薯！方法很簡單，只要將完成的焗烤馬鈴薯均質即可。現在，你已經可以加入我的專業廚房團隊了。

義式麵疙瘩（玉棋）

義式麵疙瘩比看起來更容易製作，偷偷跟你說，卽使自家製作的外觀並不完美，
也一樣美味。一旦掌握製作的竅門後，你會發現眞的很容易上手。
注意，在烹煮時，麵疙瘩外皮不該是酥脆，而應該是如同浸泡在醬汁中，入口卽化。

四人份
準備時間：30 分鐘
烹調時間：30 分鐘
靜置時間：30 分鐘鐘

材料
馬鈴薯 500 克
鹽
（龍蒿 4 支）
帕馬森起司 50 克
蛋黃 1 個
麵粉 200 克（外加一點當作手粉，
　於麵疙瘩製作時使用）
橄欖油 4 大匙
（些許的紅辣椒粉）

保存方式
生的麵疙瘩，於密封盒中，冷藏
　下可保存三天，亦可冷凍保存；
　熟的麵疙瘩，於密封盒中，冷
　藏下可保存兩天

烹調步驟

1 馬鈴薯削皮後，切成大立方塊。放入大鍋中，與加了鹽的
冷水一起加熱至沸騰，加熱期間約20分鐘。（等待期間，將龍
蒿去除梗，葉片切碎。）

2 將帕馬森起司刨絲。

3 馬鈴薯煮熟後瀝乾，壓碎後放置在鋼盆中。加入蛋黃、麵
粉、帕馬森起司、一半份量的橄欖油（依個人喜好加入龍蒿、
紅辣椒粉）。以鹽調味，並用叉子將食材攪拌均勻。

4 在工作檯上，將攪拌均勻的馬鈴薯麵粉團揉成長條狀。將
長條分切爲規則小塊，撒上一點麵粉當手粉。將小塊滾圓後，
以叉子在外側壓上橫條。製作完成後，將麵疙瘩冷藏靜置30分
鐘。

上菜當天

5 在大鍋內將鹽水煮滾，再分批煮麵疙瘩。每次僅放入少
量，當水重新沸騰，麵疙瘩浮於水面時，使用篩網撈起，並瀝
乾。

6 在鍋內加熱剩餘一半份量的橄欖油，並將上一步驟瀝乾的
麵疙瘩，翻炒到稍微上色卽可。

小訣竅：可用紅酒取代烹煮麵疙瘩的水。煮完剩下的紅
酒汁液，可作爲醬汁基底。

POMMES PAILLASSON
香煎馬鈴薯絲餅

既不是馬鈴薯泥，亦不是炸薯條，香煎馬鈴薯絲餅，為我們帶來品嚐馬鈴薯的另一種喜悅，此外，馬鈴薯除了售價親民外，更是不受限於季節，一年四季都生產的作物！沒錯，這道菜熱量稍稍偏高，但其美味值得我們好好品嚐。

四人份
準備時間：25分鐘
烹調時間：30分鐘

材料
馬鈴薯 800 克
（新鮮歐芹〔persil〕6 支）
鹽 5 小撮
（法國巴斯克紅辣椒粉〔piment
　d'Espelette〕2 小撮）
奶油 90 克
烹調用油 2 大匙

保存方式
於密封盒中，冷藏下可保存兩天，
　食用時以烤箱加熱（隔天食用，
　比當天食用更好吃！）

烹調步驟

1 馬鈴薯削皮後以水沖洗掉表面澱粉，並使用多功能蔬果切片器或刀子，切成細絲（切成細絲後，就不用再次沖洗）。

（ **2** 如決定添加歐芹，將其切碎備用。）

3 在鋼盆中，混合馬鈴薯細絲、歐芹、鹽（依個人喜好，可加入辣椒粉）。

4 在平底鍋內加熱烹調用油及20克奶油。將馬鈴薯細絲放入鍋中，排列成餅狀。將70克奶油切成小塊狀，將一半份量的奶油，由鍋子邊緣（也就是馬鈴薯餅的外緣）放入。以小火煎15分鐘。

5 將大小合適的圓盤反放於平底鍋上，反轉鍋身，使馬鈴薯餅落於圓盤上。再將圓盤上的馬鈴薯餅，滑落至平底鍋中，完成馬鈴薯餅的翻面，以小火煎15分鐘，期間將剩下的奶油，由鍋子邊緣放入。

小訣竅：忘掉夏天的瘦身計畫……可將火腿跟勒布洛雄軟質起司（reblochon）夾在兩層馬鈴薯絲中間，重新詮釋名菜，薩瓦起司焗烤馬鈴薯（tartiflette）。

炸薯條

別自己騙自己了，人人都愛炸薯條！是漢堡（p.90）及白酒淡菜（p.180）的最佳拍檔。
至於適合用來製作炸薯條的馬鈴薯，我推薦選擇澱粉量含量較高的品種。

兩人份
準備時間：15 分鐘
烹調時間：10 分鐘

材料
馬鈴薯 6 個
炸油 1 鍋（發煙點高的植物油、
　牛油、鴨油等……）
鹽

保存方式
炸之前，可泡水冷藏保存兩天

餐酒搭配
比利時黃金啤酒

烹調步驟

1　馬鈴薯削皮後，切成一公分寬的長條型。

2　用冷水清洗，去除表面澱粉，瀝乾，用廚房紙巾吸除多餘水分。

- -

烹調當天

3　將炸油加熱至攝氏160度，將條狀馬鈴薯放入，炸5至6分鐘。

4　炸第一次的薯條取出後，將油鍋加熱至攝氏180度。將薯條放入炸第二次，炸約5分鐘，直至薯條呈金黃色。

5　薯條取出放在盤上，以鹽調味。

小訣竅：煩惱薯條太多吃不完？試試看用叉子將薯條壓碎後食用。

PUREE DE POMMES DE TERRE

馬 鈴 薯 泥

如果問起哪個食譜必須在家製作？我會回答馬鈴薯泥，製作起來非常簡單。
我不接受使用馬鈴薯泥預拌粉的任何藉口！當然，如同我一直提到的，
請隨時根據需要，使用其他澱粉類蔬菜來製作這個食譜。

兩人份
準備時間： 30 分鐘
烹調時間： 1 小時至 1 小時 30
　　　　分鐘

材料
馬鈴薯 1 公斤
牛奶 200 毫升
奶油 200 克
鹽

保存方式
於密封盒中，冷藏下可保存兩天

烹調步驟

1　烤箱預熱到攝氏200度。

2　清洗馬鈴薯，整顆放置在鋪滿粗鹽的烤盤上，入烤箱烘烤1小時至1小時30分，時間依據馬鈴薯大小調整。出爐前，以刀尖確認是否能輕易插入馬鈴薯中心。

3　將馬鈴薯沿著長邊切開，用湯匙或叉子取出馬鈴薯果肉。使用壓泥器，或是食物攪拌器，趁熱壓泥過篩。之後放入鋼盆中。

4　牛奶與奶油在鍋中以小火加熱後，加入馬鈴薯泥中。

5　趁熱攪拌，並以鹽調味。

小訣竅： 啊，突然想到法國技職考試的題目之一，公爵夫人烤馬鈴薯泥（pommes duchesse）！將馬鈴薯泥放入裝有齒狀花嘴的裱花袋，做成可愛的小球，之後入烤箱烘烤即可。

POISSON魚類料理

魚類的採買與挑選指南

魚類食材並不便宜，因此採購時需格外謹慎。爲了避免出錯，在採購與選擇魚類時，有多個要點需要注意。我們將討論有關產季、水產標示和如何判斷新鮮度等指標。

捕撈方式

我們可由漁貨捕撈方式，得知非常多訊息。在法國消費者很幸運，法律規定其標示爲強制性的，可分爲以下幾個類別。

線釣、魚籠、徒手抓捕

被稱爲「溫和型」沿海捕撈，不會造成濫捕，對環境的影響亦較小。一般來說，是比其他方法更具傳統工藝和更具永續性的捕撈方式，有利於海洋資源。

網捕、延繩捕魚、底拖網、拖網捕魚和圍網捕撈

在此簡短說明，這些方式對環境的影響不盡相同，可粗略分成兩種形式：留在水面的網和沿著海床底部拖曳並破壞海床的網。有一些小型的網捕撈漁船能夠精確鎖定魚群，實行針對性漁法。但多數情況下爲大型漁船一次捕撈所有魚類，然後通過壓碎等過程，將誤捕的無經濟價值物種丟棄回海中。後者爲工業捕撈，容易造成濫捕，使小漁船無魚能捕，且嚴重傷害海洋資源……

季節性

大衆常忽略，其實魚類，也會依其繁殖期而有季節性。在產季販售的魚，往往價格較實惠誘人。請參閱332頁的漁產品產季月曆。

新鮮度指標

現在我們要來談談，如何根據外觀挑選漁產。在此，我們談論的是整條魚，而非討論處理後的魚片（當然，可在漁鋪挑選整尾魚後，再請魚販取出魚片）。簡而言之，魚應該就像剛從水中撈出：眼睛充滿光澤且透明、魚皮緊繃、魚鱗光亮且滑溜。相反，如果眼睛不透明且萎縮、魚身黯淡無光、整隻魚看起來軟塌，那就不建議購買。

水產標示

MSC藍色生態標籤、FOS海洋之友標籤、ASC水產養殖管理委員會認證、BAP最佳水產養殖規範、GAP優良水產養殖場認證、永續漁業標示（pêche durable）……

遺憾的是，以上的標籤都不能保證其產品是以對環境友善且具永續性的方式捕獲的，且無法辨識是來自於工業大型捕撈還是人工捕撈。對於小漁船而言，獲得認證通常太昂貴。這些標籤，唯一提供的保證，僅爲合法捕撈。

有機漁產

有機漁產必然是養殖魚，我們無法保證海裡野生魚類的食餌，也無法保證海域內是否有污染物。因此，有機漁產可視爲對健康的保證。

當地物種

巴斯克無鬚鱈、地中海鯛魚、布列塔尼鱸魚，比斯開灣、凱爾特海、北海的無鬚鱈，英吉利海峽扇貝，及比斯開灣和凱爾特海的鮟鱇魚。

AOP/IGP法定產區認證

科利尤爾（Collioure）的鯷魚、阿摩爾濱海省（Côtes-d'Armor）的扇貝、馬雷恩－歐雷宏（Marennes-Oléron）的生蠔、聖米歇爾山灣（Mont-Saint-Michel）的淡菜。

注意事項

選購魚類產品時，應重質不重量，透過投入更多的預算，才能選購到高品質的漁貨。另外，我們應嘗試使用不同種類的漁產來烹調，避免消費單一化造成的過度捕撈，並食用多樣化物種，以購買支持對環境友善的捕撈方式。

FUMET DE POISSON
魚高湯

製作魚高湯，不只能充分利用食材的邊角料，重新賦予其價值，
更重要的是，魚高湯能使菜餚的風味更豐富。
使用魚高湯取代水，能使材料吸收魚高湯的鮮味成分。
本書中，使用魚高湯來增味尼斯沙拉中的馬鈴薯（p. 168）、煎烤蔬菜（p. 140）或醃漬
鯖魚（p. 170），當然，也可以加入義大利燉飯（p. 112）或香料飯（p. 114）中。

可製作一公升的魚高湯
準備時間： 20 分鐘
烹調時間： 30 分鐘
靜置時間： 1 小時

材料
魚骨架或邊角料 300 克
胡蘿蔔 1 根
洋蔥 1 個
甜蒜 ½ 根
大蒜 1 瓣
橄欖油 1½ 大匙
白酒 60 毫升
新鮮百里香 2 支
水 1 公升

保存方式
於密封盒中，冷藏下可保存四天

烹調步驟

1 魚骨以大刀切塊，將其浸泡在裝滿冷水的大碗中，去除雜
質與腥臭（dégorger），靜置15分鐘。

2 利用魚骨泡水的期間，清洗並將大蒜以外的所有蔬菜，切
成小立方狀（mirepoix）（譯註：大小約爲邊長一公分的立方體）。

3 大蒜連皮用刀背壓碎。

4 將泡過水的魚骨瀝乾。在燉鍋中熱油，以大火翻炒魚骨。

5 將白酒加入鍋中，攪拌均勻。

6 加入蔬菜小立方塊、百里香、水、壓碎的帶皮大蒜，加熱
約20分鐘，直至微滾。加熱期間不可攪拌，以湯勺不時的撈除
浮渣。

7 鍋子離火，並蓋上鍋蓋，靜置至少15分鐘，使食材中的鮮
味成分溶入高湯中。之後冷卻15分鐘。

8 將高湯過濾去除大型食材後，再以細篩網過濾一次，去除
所有雜質（最好的方式，是在篩網內放入一層棉布）。過濾
時，動作要小心，不要過度晃動到高湯。

**小訣竅：製作高湯時，可與魚販詢問是否有剩餘的邊角
料。使用全魚製作料理時，也別忘了將肢解後的魚骨留
下來，當成製作高湯的材料。**

PAIN DE POISSON

魚肉凍

千萬不要把魚尾、魚肚、魚骨附近的邊角料丟掉！魚的邊角料，很適合製作魚肉凍，
作為開胃小菜或前菜！另外，邊角料富含膠質，能使魚肉凍口感更好。

六人份
準備時間： 15 分鐘
烹調時間： 30 至 35 分鐘
靜置時間： 45 分鐘

材料
魚肉 400 克（鱈魚、鮭魚……）
全蛋 4 顆
綠檸檬 ½ 個
（新鮮香菜 4 支）
（新鮮蝦夷蔥〔ciboulette〕10 支）
鮮奶油 150 毫升
鹽
（辣椒粉 3 小撮）
橄欖油 1 ½ 大匙
奶油 30 克

保存方式
於密封盒中，冷藏下可保存兩天

餐酒搭配
乾身 Jurançon 白酒

烹調步驟

1　烤箱預熱到攝氏180度.

2　將魚肉和全蛋，以食物調理機混合，亦可手工剁碎。

（3　將香菜和蝦夷蔥切成細末。此兩種香草，可依個人喜好決定是否使用。）

4　在盆中，在魚肉與蛋的混合物中，加入檸檬汁、刨絲的檸檬皮、香料植物、鮮奶油、鹽（可依個人喜好加入胡椒粉）。加入油，充分混合。

5　在肉凍模具內塗上奶油，之後填入魚肉餡料。

....

上菜當天

6　使用熱水，將魚肉凍於烤箱隔水加熱30至35分鐘。冷卻後即可食用。

小訣竅： 此配方亦適用於禽類，或是吃剩的烤雞。

SOUPE DE POISSON

魚湯

這是我父親的餐廳，Chipiron裡的招牌菜，la soupe luzienne.

（譯註：法國Saint Jean de Luz-Ciboure地區的魚湯料理名稱。）

所有波爾多的人，都慕名前來品嚐這道魚湯！

現在，你也可以在家裡製作出這道佳餚了！

四至六人份

準備時間： 20 分鐘

烹調時間： 1 小時 10 分鐘

材料

胡蘿蔔 2 跟

洋蔥 1 個

甜蒜 ½ 根

大蒜 5 瓣

大型番茄 1 個

魚 700 克（譯註：原文指地中海沿岸
　魚種）

橄欖油 1 ½ 大匙

新鮮百里香 2 支

（濃縮番茄泥 2 大匙）

（法國巴斯克紅辣椒粉〔piment
　d'Espelette〕幾小撮）

白酒 60 毫升

水 2.5 公升

鹽

保存方式

於密封盒中，冷藏下可保存兩天，
　亦可冷凍保存。

餐酒搭配

巴斯克地區的粉紅葡萄酒

烹調步驟

1 胡蘿蔔削皮、洋蔥去皮。將胡蘿蔔、洋蔥、甜蒜切細。

2 將大蒜連皮用刀背壓碎。

3 番茄切成大塊狀。

4 將魚切成塊狀。

5 在燉鍋中熱油，以大火翻炒大蒜與百里香

6 加入魚肉，翻炒約五分鐘，使表面上色。

7 加入蔬菜（可依個人喜好加入濃縮番茄醬與紅胡椒粉）。之後以白酒，讓鍋底焦香的成分溶出（déglacer），再加入水，混合後以小火微滾，加熱至少一小時，直到液體濃縮到原本的四分之三。

8 如果想要更道地，可使用製作薯泥或蔬菜泥的手動攪拌機（moulin à légumes），進行最後的步驟。

小訣竅： 此配方亦適用於禽類，或是吃剩的烤雞。

HARENG POMMES À L' HUILE

油漬馬鈴薯鯡魚

看看照片上的鯡魚，很漂亮不是嗎？鯡魚營養豐富，配上經濟實惠的馬鈴薯，
就成為一道營養均衡、簡單易做、又經濟的菜餚。

四人份

準備時間：20 分鐘

烹調時間：25 分鐘

材料

大顆馬鈴薯 4 個

洋蔥 4 個（建議使用珍珠洋蔥或
　紅洋蔥）

胡蘿蔔 1 根

新鮮蝦夷蔥（ciboulette）10 支

大蒜 2 瓣

芥花油或其他烹調油脂 400 毫升

新鮮百里香 3 支

白醋 100 毫升

水 100 毫升

粗鹽

綠檸檬或黃檸檬 1 顆

法式酸奶油（crème épaisse）
　100 毫升

（紅辣椒粉 1 小撮）

煙燻鯡魚魚片 8 片

保存方式

於密封盒中，冷藏下可保存兩天

餐酒搭配

艾爾淡啤酒

烹調步驟

1 清洗馬鈴薯，並將紅洋蔥去皮，胡蘿蔔削皮。將馬鈴薯沿著長邊縱切為兩半、胡蘿蔔切成薄圓片、紅洋蔥切成細絲。

2 將蝦夷蔥切成細末

3 將大蒜連皮用刀背壓碎。

4 在有深度的平底鍋裡，將油與大蒜、兩支百里香，加熱到攝氏180度左右。加入切半的馬鈴薯，烹煮15至20分鐘。

5 利用烹煮馬鈴薯的時間，在一個大鍋內，將白醋、水、剩餘的百里香，煮至沸騰。以粗鹽調味。沸騰後關火，加入切好的洋蔥與胡蘿蔔。讓食材浸泡在水中，直到冷卻。

6 在小碗內，擠入檸檬汁，加入法式酸奶油，以打蛋器充分攪拌，再加入切成細末的蝦夷蔥（可依個人喜好，加入紅辣椒粉）。

7 當第四步驟的馬鈴薯已經煮熟時，瀝乾，並保留烹煮馬鈴薯的油脂。洋蔥與胡蘿蔔也取出瀝乾。

8 在盤中，擺入煙燻鯡魚魚片以及馬鈴薯。淋上烹煮馬鈴薯的油脂。

9 與蝦夷蔥法式酸奶油搭配，趁熱食用。可使用車窩草做最後裝飾。

小訣竅：亦可使用其他煙燻過的魚類（例如燻鮭魚），
使你的菜餚更多樣化。

SALADE NIÇOISE
尼斯沙拉

這是道充滿法國東南部風情的沙拉，讓我們神遊普羅旺斯，彷彿置身在夏日的陽傘下。
你聽到蟬鳴的聲音了嗎？

四人份

準備時間：35 分鐘
烹調時間：1 小時 10 分鐘
靜置時間：30 分鐘

材料
紅椒 1 個
黃椒 1 個
綠椒 1 個
鹽
大蒜 2 瓣
雪莉醋 50 毫升
橄欖油 150 毫升 + 額外預留一點
　塗於烤盤上
新鮮百里香 4 支
櫻桃小番茄 150 克
馬鈴薯 4 個
魚高湯（p.160）或水 300 毫升
粗鹽
撕碎的鮪魚肉 150 克
去籽黑橄欖 100 克

保存方式
於密封盒中，冷藏下可保存三天

餐酒搭配
普羅旺斯粉紅葡萄酒

烹調步驟

1 烤箱預熱到攝氏180度。

2 將彩椒切為兩半，去除籽及裡面白色的瓣膜，塗上一點橄欖油。將彩椒外皮朝上，放置於烤盤上，淋上一點點橄欖油跟鹽，入烤箱烘烤約40分鐘。

3 當彩椒已經烤熟且體積縮小時，剝除外皮，並將其切成長條狀。

4 大蒜連皮用刀背壓碎後，與雪莉醋、100毫升的橄欖油、2支百里香，放入烤皿中。加入櫻桃小番茄，入烤箱烘烤十分鐘至番茄熟透。將烤皿取出烤箱，冷卻。

5 利用烤蕃茄的時間，清洗馬鈴薯，並將其切成約1.5公分厚的大片。在平底鍋中以大火加熱剩餘的50毫升橄欖油，將馬鈴薯片兩面煎黃。

6 在大型平底鍋中，將高湯或水，與2支百里香加熱至沸騰。以粗鹽調味，並加入兩面煎黃的馬鈴薯片，烹煮8分鐘。

7 將撕碎的鮪魚肉與去籽黑橄欖用食物處理機稍微打碎混合，得到類似普羅旺斯橄欖醬（tapenade）的質地。

小訣竅：如果想向傳統食譜致敬，可在最後一步驟中加入醃漬鯷魚，並在沙拉上放顆水煮蛋。

MAQUEREAUX À L' ESCABÈCHE

醃漬鯖魚

別把這道菜的法文，maquereaux à l'escabèche看成我的名字，maquereau à l'Etchebest呀！
對不起，我只是開玩笑的……
L'escabèche與其說是醬汁，其實更接近醃漬，使用醋來使鯖魚的蛋白質變性。
鯖魚物美價廉，且營養豐富。

四人份

準備時間：30 分鐘
烹調時間：5 分鐘
靜置時間：1 小時

材料
新鮮鯖魚魚片 4 片
橄欖油 3 大匙
粗鹽
胡蘿蔔 2 根
紅洋蔥 4 個
（八角 2 粒）
（芫荽籽 1 大匙）
（法國巴斯克紅辣椒粉〔piment
　d'Espelette〕2 小撮）
白醋或雪莉醋 200 毫升
魚高湯（p.160）300 毫升
白酒 300 毫升

保存方式
於密封盒中，冷藏下可保存兩天

餐酒搭配
酒體完整的隆河谷地白酒，或是
　帶有礦物質韻味的法國羅亞爾
　河 (La Loire) 白酒

烹調步驟

1　將魚去骨，斜切鯖魚魚片。

2　在烤盤上倒入1大匙橄欖油，然後鋪上一層粗鹽。將鯖魚魚肉面朝下，放在鹽上30分鐘。

3　利用此期間，準備醃漬汁。胡蘿蔔削皮、洋蔥去皮後，切成立方狀。在燉鍋內熱油後，以大火翻炒，小心不要過度加熱而使洋蔥變色（可依個人喜好，加入八角、芫荽籽、巴斯克紅辣椒粉）。加入醋、魚高湯和白酒。

4　等待醃漬汁煮沸時，將鯖魚仔細沖洗，以去除多餘的鹽分。將魚片排列於深盤底部。

5　醃漬汁煮沸後，倒在魚片上。蓋上蓋子，保存在室溫下，直到完全冷卻。

小訣竅：想為開胃菜增添光彩，那就做手撕鯖魚吧。只要把醃漬鯖魚撕碎，與一點鮮奶油及芥末籽醬混合即可。

炸魚薯條

是時候烹飪魚的上等部位了。
我的英國同行戈登·拉姆齊（Gordon Ramsay）對這道菜情有獨鍾，我深有同感！
來自英國的炸魚薯條是如此美味，已深植於我們的飲食文化。

四人份
準備時間： 25 分鐘
烹調時間： 25 分鐘
靜置時間： 1 小時

材料
油炸用油
白肉魚魚片 500 克
鹽

天婦羅麵糊（p.88）
麵粉 80 克
玉米粉 5 克
鹽 3 小撮
蛋黃 1 個
啤酒或氣泡水 150 毫升

保存方式
立即食用

餐酒搭配
冰涼的啤酒

烹調步驟
1 準備天婦羅麵糊（步驟參見食譜 p. 88，但材料請使用本食譜的份量）。將其冷藏 1 小時。

上菜當天
2 將油鍋熱至攝氏 180 度。

3 魚片切成條後，沾裹上天婦羅麵糊。輕輕拍打以去除多餘的麵糊，並油炸至金黃色。將炸好的魚柳放在吸油紙上，進烤箱保溫。

4 撒上鹽後盡快食用。

小訣竅：如何讓孩子愛上吃魚？將搗碎的玉米片放在一個盤子裡，然後將沾過天婦羅麵糊的魚柳，在玉米片中滾一下再油炸。孩子們絕對會喜歡，一口接一口！

焗烤鱈魚馬鈴薯泥

我們可以使用鱈魚的各個部分製作焗烤鱈魚馬鈴薯泥，
建議選用物美價廉的魚尾部分製作此菜餚。

四至六人份
準備時間： 40 分鐘
烹調時間： 40 分鐘
靜置時間： 30 分鐘

材料
鱈魚魚肉（尾部）500 克
粗鹽（非精製鹽）150 克
馬鈴薯 1 公斤
大蒜 4 瓣
水或魚高湯 500 毫升
牛奶 500 毫升
新鮮百里香 4 支
橄欖油 80 毫升
紅辣椒粉 3 小撮
（新鮮車窩草〔cerfeuil〕10 支）
（新鮮蝦夷蔥〔ciboulette〕10 支）
新鮮歐芹（persil）5 支
麵包粉 80 克
奶油 60 克

保存方式
於密封盒中，冷藏下可保存三天

餐酒搭配
巴斯克白葡萄酒或葡萄牙 Galice
　加利西亞白葡萄酒

烹調步驟

1 去除鱈魚魚骨，將魚肉放在鋪上一層粗鹽的烤盤上，於冰箱靜置30分鐘。

2 馬鈴薯削皮後沖水，切成大立方狀。大蒜去皮並用刀背壓碎。

3 在鍋中，將水、牛奶、百里香加熱至沸騰。放入馬鈴薯立方塊，煮約15分鐘。馬鈴薯必須煮至熟透。

4 利用烹煮馬鈴薯的時間，將鱈魚用冷水沖洗。在平底鍋中，以大火加熱40毫升的橄欖油與大蒜，將鱈魚魚片兩面煎熟。

5 當馬鈴薯煮至熟透時，放置於電動攪拌機的攪拌缸或鋼盆中。將烹煮馬鈴薯的汁液，倒入煎鱈魚的平底鍋中，烹煮10分鐘後，取出備用。

6 烤箱預熱到攝氏250度。

7 於已放入馬鈴薯的電動攪拌機攪拌缸或鋼盆中，加入鱈魚魚片、馬鈴薯的烹煮汁液。使用電動攪拌機的槳型攪拌器，或是在鋼盆使用叉子，將所有食材充分混合，並加入辣椒粉、剩餘的40毫升橄欖油。攪拌直到混合物質地均勻且柔軟。

8 將歐芹切成細末（可依個人喜好，加入車窩草或蝦夷蔥），加入至混合物裡，再次攪拌均勻。

9 當質地達到滿意的狀態時，將其放入焗烤模中。

上菜當天
10 在焗烤模中撒上麵包粉，放上幾小塊奶油，入烤箱烘烤約15分鐘，直至表面呈現金黃色。

　　　小訣竅：如果想為菜餚增添一點煙燻味，可加入一點煙燻鱈魚來提味。

魚菲力佐白酒醬汁

現在要來介紹，使用魚的上等部位，魚菲力/魚柳的另一個方式。
全魚取下魚柳後的剩餘部位，可用來製作魚高湯（p.160）。
這道菜，我喜歡配著蒸馬鈴薯一起食用，簡單最美味。

四人份
準備時間 ： 15 分鐘
烹調時間 ： 25 分鐘

材料
紅蔥頭 2 個
魚高湯（p.160）或蔬菜高湯
　（p.120）或水 250 毫升。
白酒 200 毫升
白肉魚 550 克
麵粉
橄欖油 2 大匙
鮮奶油 250 毫升
奶油 50 克
檸檬（汁）½ 顆
鹽
黑胡椒
（紅辣椒粉）
（新鮮蝦夷蔥〔ciboulette〕10 支）

保存方式
於密封盒中，冷藏下可保存三天
　（僅限於醬汁）

餐酒搭配
當然是搭配白酒囉！建議波爾多
　兩海之間（Entre-deux-Mers）
　產區的白酒

烹調步驟
1　紅蔥頭去皮後，切成細絲。

2　在鍋中加熱魚高湯、白酒、紅蔥頭，濃縮至一半的份量。

上菜當天
3　將濃縮後的高湯加熱，在不沸騰的前提下，加入鮮奶油、奶油、檸檬汁，並以鹽、黑胡椒調味（可依個人喜好，加入紅辣椒粉）。

4　將整條魚柳，分切為四塊，沾上麵粉後輕輕拍打，去除多餘的麵粉。

5　在平底鍋內熱油，將魚塊煎至兩面金黃。

6　將蝦夷蔥切成細末

7　將煎好的魚塊淋上醬汁，並依個人喜好撒上切成細末的蝦夷蔥。趁熱上桌。

小訣竅：如果要搭配紅肉魚，如鱘魚或鮭魚，可用紅酒代替白酒。讓你的賓客留下深刻的印象！

SPAGHETTIS ALLE VONGOLE
香蒜蛤蜊義大利麵

讓人神遊當地，香蒜蛤蜊義大利麵是義大利烹飪的經典之一。傳統是以小蛤蜊製作，
但亦可使用其他種類的蛤仔製作。建議使用自製的新鮮義大利麵（p. 86）。

二人份
準備時間：40 分鐘
烹調時間：15 分鐘
靜置時間：1 小時

材料
洋蔥 1 個
大蒜 1 瓣
新鮮羅勒 5 支
蛤蜊 500 克
鹽
橄欖油 4 大匙
白酒 50 毫升

新鮮義大利麵麵團（p.86）
麵粉 175 克
蛋黃 130 克
橄欖油 ½ 大匙
鹽 2 克

保存方式
冷藏下可保存兩天

餐酒搭配
冰涼的普羅旺斯白酒，或粉紅葡
萄酒

烹調步驟

1 準備新鮮義大利麵麵團（步驟參見食譜p. 86，但材料請使用本食譜的份量）。將其靜置30分鐘。

....

上菜當天

2 洋蔥去皮後，切成細絲。大蒜去皮、去除中間的蒜芽。將新鮮羅勒去梗，葉片切成細末。

3 使用義大利麵壓麵機，將麵團擀平，期間需要時撒上點麵粉當作手粉，並切成細長狀。

4 將蛤蜊仔細清洗，並在冷水中浸泡30分鐘。

5 將新鮮麵條在滾沸的鹽水中，煮約3分鐘（注意，新鮮麵條含有水分，比乾燥麵條更快煮熟：當麵條浮至水面，就煮好了！）。將煮好的麵條瀝乾，並保留50毫升的煮麵水。保留的煮麵水，將於第九步驟，製作醬汁時用到。

6 在燉鍋中，加熱兩大湯匙橄欖油，以大火將洋蔥炒至軟化卻還沒變焦黃的程度。

7 在鍋中加入蛤蜊、白酒，蓋上蓋子煮約3分鐘，直到蛤蜊打開。

8 用撈網撈起蛤蜊後，將鍋內醬汁持續加熱，濃縮至一半後過濾。

9 在具有深度的平底鍋或炒鍋，加熱兩大湯匙橄欖油，加入煮好的義大利麵、蛤蜊、上一步驟的濃縮湯汁。以小火加熱，並在離火前，加入切成細末的新鮮羅勒。

10 在上桌前，撒上現刨的蒜末。

> **小訣竅：**嚮往去義大利旅行嗎？只需在義大利麵上加一些自製青醬（p. 66），就如同置身於義大利了！

MOULES MARINIÈRES
白酒淡菜

製作簡單，材料便宜又好吃。強力建議，搭配自家製的薯條（p. 154）一起享用！

二人份
準備時間：15 分鐘
烹調時間：5 分鐘

材料
淡菜 1.5 公斤
洋蔥 1 個
新鮮歐芹（persil）8 支
橄欖油 40 毫升
白酒 150 毫升

保存方式
立即享用

餐酒搭配
乾身的法國羅亞爾河 (La Loire) 白
酒，或白啤酒

烹調步驟

1 將淡菜去除毛刺，然後在冷水中浸泡沖洗。去除浮在水面、破裂、或未打開的淡菜。

2 洋蔥去皮後，切成大塊。

3 歐芹去梗，將葉片切成大碎片狀。

4 在燉鍋中，加熱橄欖油，以大火將洋蔥及歐芹，炒至軟化卻還沒變焦黃的程度。

5 保持大火，加入淡菜與白酒，蓋上蓋子煮2至3分鐘，直到淡菜打開。

小訣竅：白酒淡菜適合與自製薯條（p. 154）一起享用，美味相輔相成。如果想讓美味更上一層樓，可試試我的獨門配方，加入一點點咖哩粉在醬汁中！

VOLAILLE ET ŒUFS禽類與蛋類料理

家禽的採買與挑選指南

在選購家禽時，最優先的選擇條件爲其飼養方式，畢竟飼養方式會與家禽的品質、飼養過程是否對動物友善……等因素息息相關。另外別忘了，法國市面上所販售的雞肉，幾乎有一半皆爲進口的。進口的雞肉，很難辨識其飼養條件。但如果是法國本土產的雞肉，受到法令規範，我們較容易從標籤辨別其飼養方式。

飼養方式

放牧式飼養

這是指在戶外或自由放養的家禽。包括了那些實際上採取放牧式飼養，但卻沒有特別申請相關標籤認證的產地直銷或當地銷售的小型生產者。身爲消費者，我們應優先挑選與購買此飼養方式的家禽，不僅因放牧式飼養的家禽具有卓越的風味，也是爲了支持那些實踐動物友善福祉的家禽養殖業者。

法國紅牌標籤

每年都有驗證專家和消費者團體，對紅牌標籤的肉禽產品進行風味盲測。爲生長緩慢的土雞或其雜交系品種，出生後81天才被屠宰。

• 室內飼養規範：每平方米最多11隻雞。
• 戶外飼養規範：「有圍籬運動場en plein air」，每隻雞至少2平方米。至於「無圍籬自由放牧en liberté」，則面積爲無限。
• 飼料：需100%爲植物來源，包括礦物質和維生素，並包含75%以上的穀物。

有機飼養雞種

有機飼養的標準更加嚴格，特別規定家禽飼料，必須來自有機農業。這些標準，也實施於家禽的生長環境和照顧等方面。

如同紅牌標籤飼養的家禽，有機飼養雞種亦爲生長緩慢的土雞或其雜交系品種，出生後81天才被屠宰。

• 室內：每平方米最多10隻雞。
• 戶外：「有圍籬運動場en plein air」，每隻雞至少4平方米。對於「無圍籬自由放牧en liberté」，則面積爲無限。
• 飼料需100%爲植物來源，包括礦物質和維生素。必須包含最低90%的有機產品，至少65%爲穀物。

密閉式集中飼養

此飼養方式，佔總產量的四分之三。小雞與母雞並無接觸，經過篩選、接種疫苗，然後在相當於A4紙大小的空間內「養大」，一生未見到陽光，便被宰殺。

標準系統

品種單一化，選擇換肉率最高的品種。約出生35至50天便宰殺。

• 室內：每平方米25隻雞。
• 無法外出。

• 飼料並無控管，通常使用進口的大豆，將導致森林砍伐加劇。

認證系統

這是一種介於兩者之間的系統，使用土雞與肉雞的雜交系品種。約在出生後56天才被宰殺

• 室內：每平方米18隻雞。
• 室外：每平方米一隻雞。
• 飼料需100%爲植物來源、包含礦物質和維生素，至少70%爲穀物。

標籤

AOC/AOP 法定產區認證

布雷斯雞（volaille de Bresse）、勃艮第（Bourbonnais）雞。

IGP 地理標誌保護認證

勃艮第、布列塔尼、沙朗、沙勒、加斯科尼、胡丹、詹澤、香檳、德龍姆、利克、安省、奧爾良、諾曼底、維埃納、朗德、貝阿恩、貝里、夏洛萊（Charolais）、弗雷茲、加蒂內、熱爾斯、朗格多克、勞拉格、緬因、朗格勒高原、塞夫爾河谷、韋萊、阿爾薩斯、昂西尼斯、奧弗涅。

FOND BLANC DE VOLAILLE

雞高湯

雞高湯能充分利用雞的所有部位，尤其是富含美味的骨架。
高湯萃取濃縮了雞隻鮮味精華，可用來取代烹飪過程中的水，為菜餚增添風味。
光在本書，我們就使用雞高湯於以下食譜中：義大利燉飯（p. 112）、香料飯（p. 114）、
巴斯克燉雞（p. 190）、黃檸檬燉雞（p. 192），或煎烤蔬菜（p. 140）。

1.5公升的雞高湯
準備時間：15 分鐘
烹調時間：2 小時

材料
胡蘿蔔 2 根
甜蒜（僅綠色部分）½ 根
洋蔥 1 個
大蒜 2 瓣
雞骨架 1 副
水 2 公升
新鮮歐芹（persil）4 支
新鮮月桂葉 2 片
（做菜剩下的蔬菜或香草邊角料）

保存方式
於密封盒中，冷藏下可保存三天，
　亦可冷凍保存

烹調步驟

1 胡蘿蔔和韭菜洗淨後，切成塊狀。

2 洋蔥去皮後，切成兩半。

3 大蒜用刀背壓碎。

4 粗略地將整副雞骨架壓碎。

5 在放入冷水的燉鍋內，加入所有的材料，以小火烹煮至少2
小時。

6 將雞高湯以細篩網過濾後，冷藏備用。

小訣竅：燉煮雞高湯時，不斷地去除表面的浮沫，以去
除液體內的雜質。加熱的過程愈長，雞高湯內的鮮味成
分也愈高！

VOLAILLE SUR LE COFFRE
香料奶油雞胸肉

在本食譜中，你將學習到如何將雞的高價部位——雞胸——烹調得更軟嫩的技巧。
此技巧除了雞胸外，對其他部位亦適用。

兩人份
準備時間：35 分鐘
烹調時間：15 至 20 分鐘

材料
全雞 1 隻
新鮮龍蒿 5 支
檸檬 1 顆
奶油 180 克
鹽
黑胡椒
芥花油 1 大匙

保存方式
於密封盒中，冷藏下可保存兩天

餐酒搭配
酒體輕盈的紅酒

烹調步驟

1 將全雞肢解，先於肋骨下方，切開分為上下兩部分，保留帶有胸骨和雞胸的部分製作本食譜。翅膀和大腿部分則冷藏備用，用於製作其他食譜，如巴斯克燉雞（p. 190）或黃檸檬燉雞（p. 192）。至於骨架，則保留於製作雞高湯（p. 184）。

2 龍蒿切成細末。擠出檸檬汁備用。

3 在碗中，攪拌100克的軟化奶油、切成細末的龍蒿、檸檬汁、鹽，製作香料奶油。充分混合後，將香料奶油填入裝有花嘴的裱花袋中。

4 將雞胸肉上的雞皮稍微提起，但不要完全剝離。利用裱花袋，由雞胸肉的前端開始，在雞皮跟雞胸肉之間，均勻擠上一層香料奶油，奶油必須要均勻的分佈在整片雞胸上。完成後，以鹽和黑胡椒調味。

....

上菜當天

5 烤箱預熱到攝氏200度。

6 在鍋中熱油，以大火煎黃雞肉的各個表面。將剩餘的80克的奶油融化，充分淋上雞肉，並入烤箱烘烤15至20分鐘。

7 將雞胸肉小心地從骨架上剝離，與烤盤上的奶油一起食用。

小訣竅：想要知道雞肉是否煮熟，可使用刀子來測試。當刺下時無血水滲出，就代表已經煮熟了！

CORDONS - BLEUS
藍帶雞排

我一定要分享這個家常食譜，讓大家知道，在家裡也可以用上等的雞胸肉取代豬肉，做出健康的藍帶「雞排」。

兩人份
準備時間：20 分鐘
烹調時間：10 分鐘

材料
雞胸肉 2 片
鹽
黑胡椒
火腿片 2 片
埃曼塔起司（emmental）或其他
　硬質起司（例如康提〔comté〕）
　4 片
麵粉 80 克
細麵包粉 120 克
全蛋 2 顆
芥花油 1 ½ 大匙
奶油 20 至 40 克

保存方式
於密封盒中，冷藏下可保存兩天，
　亦可冷凍保存

餐酒搭配
無酒精啤酒

烹調步驟

1 將全雞肢解，切下翅膀和大腿，只留下雞胸肉。將雞骨架、翅膀、大腿冷藏備用，用於製作其他食譜，如雞高湯（p. 184）、巴斯克燉雞（p. 190）、黃檸檬燉雞（p. 192）。

2 將雞胸上的皮去除後，縱向切成兩半但不把肉完全切斷。將縱切的雞胸肉打開後，放在兩張烘焙紙之間。以平底鍋底部敲打壓平後，用小刀在肉上劃上井字紋路。

3 將雞胸肉以鹽和黑胡椒調味，放上一片火腿、兩片起司。再將雞胸肉蓋回原狀。

4 在深盤裡，放入麵粉。另一個深盤，則放入細麵包粉。

5 在第三個深盤，放入以打蛋器打散的全蛋蛋液。

6 將藍帶雞排依照順序，拍上麵粉、沾上蛋液、沾上細麵包粉。之後再重複一次沾上蛋液、沾上細麵包粉的動作。

上菜當天
7 在大型平底鍋中，以中火加熱芥花油和奶油，並將藍帶雞排煎至兩面金黃。

小訣竅：這道經典料理，大人小孩都喜歡。可試著使用日本炸豬排用的粗麵包粉，讓雞排更加酥脆。

POULET BASQUAISE
巴斯克燉雞

這道菜讓我想起在法國西南部，巴斯克地區與祖父母一起度過的假期。
此料理主要利用全雞較便宜的部位（如雞腿和雞翅）。

兩人份

準備時間： 15 分鐘

烹調時間： 1 小時 15 分鐘至 1
　　小時 45 分鐘

材料

洋蔥 1 個

大蒜 4 瓣

青椒 2 個

紅椒 2 個

糯米椒 2 個

芥花油 100 毫升

全雞，或兩隻雞腿加兩隻雞翅

麵粉 20 克

濃縮番茄泥 2 大匙

新鮮百里香 2 支

新鮮月桂葉 2 片

雞高湯（p.184）或水 1 公升

粗鹽

法國巴斯克紅辣椒粉（piment
　　d'Espelette）2 小撮

保存方式

於密封盒中，冷藏下可保存兩天，
　　亦可冷凍保存

餐酒搭配

巴斯克伊洛萊古（Irrouleguy）紅
　　酒

烹調步驟

1 將全雞肢解，切下翅膀和大腿。將雞骨架、雞胸、冷藏備用，用於製作其他食譜，如雞高湯（p. 184）、香料奶油雞胸肉（p. 186）或藍帶雞排（p. 188）。

2 洋蔥去皮後，切成細絲。

3 大蒜去皮、並用刀背壓碎。

4 彩椒洗淨後，沿長邊切為兩半，去除中間的種籽與白色瓣膜。

5 糯米椒洗淨，切成細絲。

6 在燉鍋內熱油後，以大火翻炒雞肉塊，直到呈現金黃色，取出放置在盤子上備用。在同個鍋中，翻炒蔬菜，直至上色。

7 以文火，加入麵粉、濃縮番茄泥、大蒜、百里香、月桂葉，充分混合攪拌。

8 將剛剛煎黃的雞肉塊放回鍋中，加入水或高湯，以文火輕微沸騰煮約一到一個半小時。

9 當鍋中液體濃縮減少至原本的三分之二時，以粗鹽和辣椒粉調味。

小訣竅： 你對巴斯克燉雞情有獨鍾嗎？那我告訴你一個**小撇步：** 將肉撕成雞絲，與醬汁混合，之後打上一顆蛋加熱，等蛋煮熟即可享用。你一定會喜歡的！

VOLAILLE AU CITRON
黃檸檬燉雞

這是一道極具地中海風味的菜餚，主要利用全雞中較便宜的部位製作。
非常適合與香料飯（p. 114）搭配享用。

兩人份
準備時間：20 分鐘
烹調時間：1 小時 10 分鐘

材料
有機黃檸檬 1 顆
洋蔥 2 個
大蒜 4 瓣
新鮮百里香 4 支
（新鮮生薑 20 克）
橄欖油 1 大匙
全雞，或兩隻雞腿加兩隻雞翅
麵粉 20 克
雞高湯（p.184）或水 1 公升
新鮮香菜 4 支
無籽綠橄欖 60 克
鹽
黑胡椒

保存方式
於密封盒中，冷藏下可保存兩天，
　亦可冷凍保存

餐酒搭配
法國羅亞爾河 (La Loire) 白酒

烹調步驟

1 將全雞肢解，切下翅膀和大腿。將雞骨架、雞胸、冷藏備用，用於製作其他食譜，如雞高湯（p. 184）、香料奶油雞胸肉（p. 186）或藍帶雞排（p. 188）。

2 將檸檬放入鍋中，加入等高的冷水。煮沸後，再煮五分鐘。瀝乾檸檬並更換水，至少重複此步驟三次。將檸檬取出，切成四份。

3 洋蔥去皮後，切成細絲。大蒜去皮、去除中間的蒜芽、並用刀背壓碎。百里香葉片切碎。生薑去皮，切成細長條狀。

4 在燉鍋內熱油後，以大火翻炒雞肉塊，直到每面都呈金黃色。

5 將已成金黃色的雞肉塊離鍋，放置在盤子上備用。在鍋中，放入洋蔥、大蒜（可依個人喜好加入生薑）、百里香，以中火翻炒，直至上色。撒上麵粉，攪拌均勻。

6 將剛剛煎黃的雞肉塊放回鍋中，加入高湯或水，以中火煮約45分鐘。之後加入切成四塊的檸檬，繼續加熱15分鐘，直至鍋中液體濃縮減少至原本的三分之二。

上菜當天

7 當雞肉塊充分煮至入味時，加入切成兩半的橄欖，品嚐並確認調味。

8 香菜去梗，將葉片切成細末。

小訣竅： 在加熱時，可用麵團把燉鍋的鍋蓋與鍋身圍繞緊閉（cocotte lutée），使美味成分不流失。

CŒURS DE CANARD, POMMES SARLADAISES
鴨心佐馬鈴薯

這是我最喜歡的配酒菜食譜之一，大家都讚不絕口！除了當配酒菜，
也很適合作爲前菜或是主菜，份量就由你決定了。

四人份
準備時間：30 分鐘
烹調時間：35 分鐘

材料
大蒜 6 瓣
4 新鮮歐芹（persil）支
馬鈴薯 900 克
鴨心 400 克（可以請肉販處理）
鴨油 300 克
粗鹽
新鮮或乾燥的百里香 4 支
新鮮或乾燥的月桂葉 2 片
奶油 40 克
雪莉醋或義大利巴薩米克醋 20 毫
　升
鹽
黑胡椒

保存方式
立即享用

餐酒搭配
酒體紮實的波爾多 Bergerac 紅酒

烹調步驟
1 大蒜去皮，去除中間的蒜芽，並用刀背壓碎。

2 歐芹去梗，將葉片切成細末。

3 馬鈴薯削皮，借助多功能蔬果切片器或徒手用刀，切成約2
釐米的薄面後，以清水沖洗。

4 將鴨心沿著長邊，縱切爲兩半。

5 在大型深底炒鍋內，加熱鴨油以及粗鹽，並加入3瓣大蒜、
百里香、月桂葉。

6 加入馬鈴薯薄片，以中火加熱，直到兩面呈現金黃色。

7 利用加熱馬鈴薯的時間，在平底鍋內加熱奶油，並以大
火，翻炒鴨心與3瓣大蒜約5至6分鐘。當鴨心煮熟時，加入醋
將鍋底的焦香物質融化，並加入歐芹，以鹽和黑胡椒調味，放
置一旁備用。

8 當馬鈴薯煮熟時，放置在廚房紙巾上，將油瀝乾後，放入
盤中。加入鴨心，並淋上煮鴨心的醬汁。

小訣竅：酸味在料理中扮演著重要的角色，別忘了你亦
可以加入一些帶有酸味的雪莉酒將鴨心鍋底的焦香物質
融化，讓這道料理更美味。

ŒUFS MIMOSA

魔鬼蛋

說到雞蛋……光是蛋類料理，我就能出一本專書，並附帶關於我院子裡母雞們的小說。
魔鬼蛋，可是法國小酒館一定會有的開胃菜呢。
當然，一定要使用美味的自製美乃滋醬製作（p. 67）！

四人份
準備時間：25 分鐘
烹調時間：10 分鐘

材料
全蛋 7 顆
新鮮蝦夷蔥（ciboulette）10 支
（新鮮龍蒿 5 支）
芥末籽醬 1 大匙
鹽
黑胡椒

美乃滋（p.67）
蛋黃 2 顆
第戎芥末醬 15 克
白醋 2 小匙
鹽
黑胡椒
葵花油 200 毫升

保存方式
立即享用

餐酒搭配
波爾多 Graves 白酒

烹調步驟

1　製作美乃滋（食譜參見p. 67），完成後冷藏備用。

2　在鍋內放入冷水、雞蛋，加熱至沸騰。持續烹煮十分鐘後，取出沖冷水降溫。

3　剝除蛋殼，將雞蛋沿著長度切成兩半。輕輕取出蛋黃，保留一個用於擺盤，將其餘的蛋黃和一個蛋白，切碎至非常細。將剩下的蛋白排列在盤子上。

4　將新鮮香料植物切成細末。

5　在一個碗中，將170克的美乃滋與切碎的蛋黃、香料植物和芥末籽醬混合。試吃並調整調味（然後將混合物填入裝有鋸齒狀花嘴的裱花袋中）。

6　在盤子上的蛋白內填入前一步驟的混合物，然後將先前保留的蛋黃刨成細末，撒上作為裝飾。

小訣竅：如果您將傳統的美乃滋替換為「雞尾酒醬汁」（美乃滋、番茄醬、香料和干邑白蘭地的混合物），那麼我們所熟悉的小酒館不可或缺的魔鬼蛋將更加美味。

ŒUFS MOLLETS FLORENTINE
佛羅倫薩菠菜溏心蛋

很多菜餚，都可以以「à la florentine/佛羅倫薩」方式料理
（譯註：以奶油菠菜爲主的一種料理方式）。在此食譜，我們使用上好的溏心蛋，
但亦可使用魚、白肉、朝鮮薊心來製作。

兩人份

準備時間： 20 分鐘

烹調時間： 20 分鐘

材料

白醋 4 大匙

全蛋 6 顆

新鮮菠菜 300 克（整把帶梗菠菜
　或是僅菠菜葉皆可）

奶油 40 克

大蒜 2 瓣

格呂耶爾起司細絲（gruyère）
　140 克

鹽

法式白醬（p.69）

奶油 40 克

麵粉 40 克

牛奶 500 毫升

鹽 4 小撮

保存方式

立即享用

餐酒搭配

帶有礦物質韻味的波爾多 Grave
　白酒

烹調步驟

1 準備一鍋沸水，並加入一點白醋。放入4顆室溫的蛋，煮5分鐘。離鍋後用冷水冷卻。剝除蛋殼，放置一旁備用。

2 撕除菠菜梗上過老的纖維。

3 在平底鍋中加熱奶油，將菠菜倒入稍微翻炒。放置一旁備用。

4 大蒜去皮、去除中間的蒜芽、並用刀背壓碎。用叉子刺著大蒜，將大蒜與菠菜混拌約十秒鐘。

5 將剩下的2顆蛋，分開蛋黃與蛋白，將用不到的蛋白冷藏，供其他食譜使用。

6 製作法式白醬（步驟參見食譜p. 69，但材料請使用本食譜的份量）。離火後，加入2顆蛋黃、格呂耶爾起司細絲100克、壓碎的大蒜。充分攪拌。

7 在鋼盆中，將步驟6所製作的混合物（又稱Mornay起司白醬），取¾的份量，與菠菜混合，並調味。放入焗烤盤的底部，並在上面放上溏心蛋。

8 預熱烤箱。

9 在溏心蛋上，淋上剩餘的Mornay起司白醬，並撒上剩餘的40克格呂耶爾起司細絲，以高溫短時間，焗烤約5分鐘，以避免溏心蛋被過度加熱。

小訣竅： 推薦給想進一步的各位，製作炸溏心蛋。將溏心蛋依序沾上麵粉、蛋液、麵包粉，之後油炸即可。即使是減肥的人，也會想多吃幾個！

ŒUFS POCHÉS MEURETTE
紅酒醬汁水波蛋

在前一個食譜，我們瞭解到如何製作溏心蛋。現在，我們要來製作水波蛋，
這是另一個餐飲學校一定會傳授的基本技巧，其實並不難做......
而且在家製作時，失敗也無失大雅！

四人份

準備時間：25 分鐘

烹調時間：1 小時

材料

白蘑菇 300 克

洋蔥 1 個

大蒜 1 瓣

新鮮歐芹（persil）5 支

芥花油 3 大匙

奶油 30 至 50 克

紅酒 300 毫升

白糖 10 克

麵粉 40 克

新鮮百里香 1 支

新鮮月桂葉 1 片

鹽

黑胡椒

三層肉或煙燻培根 1 片或 100 克

牛高湯（p.228）或水 350 毫升

白醋 1 大匙

全蛋 8 顆

保存方式

立即享用

餐酒搭配

希農 Chinon 紅酒

烹調步驟

1 蘑菇洗淨，切除蘑菇梗後，依照大小切成四或六等分。洋蔥去皮後，切成細絲。大蒜去皮、去除中間的蒜芽、並切成蒜末。

2 在深鍋中加入一大匙芥花油與一半份量的奶油，以中火翻炒洋蔥與大蒜，直到上色。加入紅酒、白糖、麵粉、百里香與月桂葉，持續加熱，直到醬汁質地濃稠，能沾附在湯匙背面。

3 利用濃縮醬汁的時間，在平底鍋中加入一大匙芥花油，以大火翻炒蘑菇，直到上色。連其汁液，放置一旁備用。

4 將豬三層肉切成小段狀，在平底鍋中與一大匙芥花油，以大火煎至焦黃。放置一旁備用。

5 當深鍋內醬汁體積濃縮到一半時，以細篩網過濾至乾淨的鍋中。將剩下一半份量的奶油切成小塊狀，再慢慢加入中火加熱的醬汁中，不停攪拌。加入牛高湯或水，充分混合。最後加入炒過的洋菇及其汁液，以及煎過的三層肉。

....

上菜當天

6 準備一鍋加入一點白醋的沸水，以文火保持輕微沸騰的狀態。

7 在小碗內打一個蛋。在沸水中，以漏勺攪拌，創造出漩渦後，輕輕將小碗裡的蛋倒入漩渦中：在旋渦水流的影響下，蛋白會自動包裹在蛋黃的外圍。需要時，可借助大湯匙，讓水波蛋的形狀更爲完整。之後以漏勺將水波蛋取出，放置在廚房紙巾上。以同樣的方式，處理完所有的蛋。

8 將歐芹去梗，葉片切成細末，加入紅酒醬汁中。將蛋放入四個深盤中，並淋上紅酒醬汁。

TORTILLA

西班牙馬鈴薯烘蛋

只要有馬鈴薯、蛋、洋蔥、些許調味料，就能製作西班牙馬鈴薯烘蛋，
讓你彷彿置身於西班牙！我仍記得全家野餐時，父親做的美味西班牙烘蛋……

兩人份

準備時間： 30 分鐘

烹調時間： 25 分鐘

材料

洋蔥 1 個

大蒜 2 瓣

新鮮歐芹（persil）4 支

新鮮車窩草（cerfeuil）4 支

馬鈴薯 500 克（偏鬆軟的品種）

新鮮百里香 2 支

粗鹽

橄欖油 3 大匙

全蛋 6 顆

法國巴斯克紅辣椒粉（piment
　d'Espelette）1 小撮

鹽

黑胡椒

保存方式

於密封盒中，冷藏下可保存三天

餐酒搭配

南法 Languedoc 地區的紅酒

烹調步驟

1　洋蔥去皮後，切成細絲。

2　大蒜去皮、去除中間的蒜芽、並用刀背壓碎。

3　歐芹與車窩草去梗，將葉片切成細末。

4　馬鈴薯削皮，切成大方塊狀。在裝有沸水的鍋中，與百里香、大蒜、粗鹽，煮5至6分鐘。當馬鈴薯煮透時，瀝乾。

5　在鍋中熱油，將洋蔥以大火炒至上色。加入瀝乾的馬鈴薯塊，並煎5至6分鐘，直到馬鈴薯的每個面都呈現金黃色。

上菜當天

6　在鋼盆中，以打蛋器將蛋打成蛋液，加入巴斯克紅辣椒粉及切細的香料植物，以鹽和黑胡椒調味。

7　烤箱預熱到攝氏180度。

8　在蛋液中加入表面煎至金黃的馬鈴薯塊，放入能入烤箱的鐵柄平底鍋，入烤箱烘烤約5分鐘。

9　出爐後，將一個大盤子倒扣在平底鍋上，翻轉平底鍋，使烘蛋脫離平底鍋，掉入盤子中。

小訣竅： 何不嘗試在這到西班牙經典菜餚裡，添加美味的焦化洋蔥與蘑菇呢？

OMELETTE AUX CHAMPIGNONS
蘑菇蛋捲

這道菜看似最簡單，但實際上卻需要相當的技術，非常難做。
它是法國職人MOF選拔的 「經典蛋捲」考題之一。
在這邊，提供的是美味且充滿鄉村風格的版本，你可以加入自己喜歡的食材。

一人份
準備時間： 15 分鐘
烹調時間： 至多 5 分鐘

材料
蘑菇 115 克
大蒜 5 瓣
歐芹（persil）30 克
奶油 30 克
全蛋 3 顆
鹽
黑胡椒
橄欖油
鹽
黑胡椒

保存方式
立即享用

餐酒搭配
Cahors 地區的紅酒

烹調步驟

1 蘑菇洗淨後切片。大蒜去皮並切成蒜末。將歐芹切成細末。

2 在平底鍋中，以中火加熱一半的奶油，並翻炒蘑菇片，以鹽和胡椒調味，直到上色。

3 在鋼盆中，將全蛋以叉子打散，以鹽和胡椒調味。

4 當蘑菇片充分上色後，在鍋中加入歐芹、蛋液，以中火加熱，以長柄橡膠刮刀，不停攪拌，並將鍋邊受熱較快的外圍刮回中心受熱較慢的部分，以利之後將蛋捲起成形的操作。

5 使用木製鍋鏟或是長柄橡膠刮刀，將煎蛋與把手靠近的一側分離，然後將煎蛋卷的此部分摺疊到另一側的鍋緣。

6 輕輕敲平底鍋，使蛋捲脫離鍋底，準備一個盤子，俐落地將鍋內的蛋捲倒扣在盤子上。

7 在蛋捲表面刷上一層油，增加美觀。

小訣竅：在雞蛋中加入一點生蒜，能增添風味。

PORC豬肉料理

豬肉的購買指南

在法國，我們僅消費了四分之三的國產豬肉。我很想說，這意味著我們可以毫不猶豫地選購豬肉。然而，事實正好相反，因爲絕大多數的豬肉產品，僅以換肉率爲唯一導向，都是在非常惡劣的環境下所飼養。在此，就如同其他食材，我們身爲消費者，也有責任支持更合理與人道的飼養方式。

飼養方式

放養豬

最首要的，是優先選擇標示「放養」的豬肉產品，畢竟「紅牌標籤」及「有機」等標示，皆皆無法保證其是否爲放養豬隻。

法國紅牌標籤

只有在標示「有圍籬運動場en plein air」或「無圍籬自由放牧en liberté」這兩種放養方式的情況下，紅牌標籤的豬肉產品，才能眞正地與密集飼養區分開。

• 室內飼養規範：每頭0.65平方米。
• 戶外飼養規範：無強行規定。標示「有圍籬運動場」飼養的豬隻，爲每頭83平方米；而標示「無圍籬自由放牧」的豬隻，則爲每頭250平方米。
• 飼料：可含有基因改造成分。使用進口大豆。

有機飼養

有機飼養的標準，是其中較爲嚴格的。飼養密度較低，大幅改善了動物的生活條件。母豬可陪伴小豬直至斷奶完成（至少40天）。部分的飼料必須爲養殖場自行生產，故對森林砍伐和水污染的影響亦較小。

室內飼養規範：依體重不同，每頭豬0.6至1.5平方米，母豬爲每頭7.5平方米。
• 戶外飼養規範：依體重不同，每頭豬0.4至1.2平方米，母豬爲每頭2.5平方米。戶外面積須佔建築物總面積的5%。標示「有圍籬運動場」飼養的豬隻爲每頭83平方米，標示「無圍籬自由放牧」的豬隻，爲每頭250平方米。
• 飼料：不可含有基因改造成分，至少包含95%以上有機飼料，且40%以上必須爲養殖場自行生產。

自然與永續發展標籤

這是最嚴格的標準。具有有機畜牧業的特徵，更進一步地降低了飼養密度，且將自產飼料的比例提高到50%以上，並禁止任何傷害行爲（斷尾、切除牙齒等）。

• 室內飼養規範：每頭1.3平方米。
• 戶外飼養規範：每頭250平方米。
• 飼料：不可含有基因改造成分，且必須100%有機，其中50%以上必須爲養殖場自行生產。

密集飼養

在密集飼養的豬圈中，沒有稻草，沒有戶外活動的機會，小豬們擠在一起，母豬半輩子都待在狹窄得連轉身都有困難的籠子裡，大量使用抗生素來抑制過度擁擠所造成的健康問題……我就點到爲止吧。

常見管理模式

「法國包裝Elaboré en France」、「法國公司製造Fabriqué en France」的聲明並不能保證豬的來源。只有「法國國產豬Le porc français」，此標籤能保證豬肉爲法國產。

• 室內飼養規範：每頭0.8平方米。
• 室外飼養規範：每頭1.30平方米。
• 飼料：可含有基因改造成分。使用進口大豆。
• 生命週期較短。
• 採取非人道密集飼養。

標籤

AOC/AOP 法定產區認證

加斯科涅黑豬肉（porc noir de Bigorre）。

IGP 地理標誌保護認證

奧弗涅、弗朗什孔泰、薩爾特、諾曼底、維埃納、利穆贊、西南地區。

QUICHE LORRAINE
法式洛林鹹派

鹹派一年四季都可烹製，經濟實惠且易於製作，爲法國餐桌上的日常佳餚。
建議可多做一點，以便隔天帶至學校或辦公室，午餐時加熱享用。

四人份
準備時間：35 分鐘
烹調時間：50 至 55 分鐘
靜置時間：1 小時

材料
全蛋 8 顆
鮮奶油 400 毫升
牛奶 400 毫升
鹽
黑胡椒
煙燻三層肉 180 克
格呂耶爾起司（gruyère）細絲 70
克

油酥麵團（p.94）
麵粉 200 克
蛋黃 1 個
水 40 毫升
鹽 2 小撮
室溫軟化奶油 100 克

保存方式
於密封盒中，冷藏下可保存兩天

餐酒搭配
阿爾薩斯地區的 Silvaner 白酒

烹調步驟

1　製作油酥麵團，並盲烤（食譜參見p. 94）。

....

上菜當天

2　烤箱預熱到攝氏180度。

3　利用烤箱預熱的時間，以打蛋器攪拌全蛋、鮮奶油、牛奶，直至混合物質地均勻後，以鹽和黑胡椒調味。

4　將煙燻三層肉切成條狀，並分散放置在盲烤好的塔皮底部。

5　將第二步驟的混合物倒入塔皮，撒上格呂耶爾起司細絲。

6　入烤箱烘烤30至35分鐘。烘烤快結束時，以叉子插入鹹派裡，確認烹調程度。

小訣竅：如果想製作素食版本，只需把煙燻三層肉，以平底鍋煎過的牛肝菌取代即可。

卡波那拉蛋黃培根義大利麵

這是我最喜愛的美食之一，但請注意，必須遵照正統的方式製作，
使用自製的新鮮義大利麵，且千萬不要在醬汁裡加鮮奶油！

兩人份
準備時間：30 分鐘
烹調時間：10 分鐘
靜置時間：30 分鐘

材料
橄欖油 1 大匙
煙燻三層肉 200 克
全蛋 3 顆
刨削的帕馬森起司 50 克
鹽
黑胡椒

新鮮義大利麵麵團（p.86）
麵粉 175 克
蛋黃 130 克
橄欖油 ½ 大匙
鹽 2 克

保存方式
立即享用

餐酒搭配
義大利 chianti 粉紅葡萄酒

烹調步驟

1 製作新鮮義大利麵麵團（步驟參見食譜p. 86，但材料請使用本食譜的份量）。麵團完成後，靜置30分鐘。

上菜當天

2 將稍微撒上手粉的麵團以義大利壓麵機擀成麵皮。在麵皮撒上手粉後，用壓麵機所附的寬麵製麵刀頭，將麵皮切割成寬麵。

3 在鍋中熱油，以大火翻炒煙燻三層肉，直到上色。放置一旁備用。

4 在鋼盆中，以打蛋器將蛋打成蛋液，並加入刨削的帕馬森起司、鹽、黑胡椒。

5 將義大利新鮮寬麵，在大鍋中，以滾沸的鹹水煮3分鐘。

6 將煮好的麵條瀝乾，並保留一湯杓的煮麵水。將麵條放入翻炒煙燻三層肉的平底鍋中，加入雞蛋與帕瑪森起司的混合物，並加入保留的煮麵水。注意，蛋液應該保持濃稠而非過度加熱而成塊狀。

小訣竅：有什麼能比在義大利麵放上蛋黃更美味呢？但要注意，不是隨便什麼蛋黃都可以！在上桌前，先將雞蛋用醬油醃漬至少一小時，將為你的卡波那拉義大利麵帶來另一種風味……

TOMATES FARCIES

法式烤蕃茄鑲肉

在這裡，我選用最常見的蔬菜，番茄來做料理。
製作烤蕃茄鑲肉時，必須選擇新鮮且肉質結實的番茄，才能在烘烤時保持形狀。
亦可將番茄換成其他當季蔬菜，例如櫛瓜、彩椒、洋蔥、茄子⋯⋯等。

四人份

準備時間： 30 分鐘
烹調時間： 45 至 50 分鐘

材料

適合鑲肉的大番茄 4 顆
洋蔥 ½ 個
奶油 20 克
橄欖油 1 大匙
雪莉醋 80 毫升
法國巴斯克紅辣椒粉（piment
　d'Espelette）4 小撮
大蒜 4 瓣
（新鮮香菜 5 支）
新鮮歐芹（persil）5 支
小牛肉絞肉 300 克
香腸內餡 200 克
全蛋 1 顆
（肯瓊香料粉〔épices cajun〕2 大
　匙）
黑胡椒

保存方式

於密封盒中，冷藏下可保存三天，
　亦可冷凍保存

餐酒搭配

北隆河羅第丘 Côte-Rôtie 村莊紅
　酒

烹調步驟

1 清洗番茄，切除上部（上部蓋子部分，保留於步驟七使用），以湯匙將裡面挖空。將挖除的果肉切成大塊。

2 洋蔥去皮後，切成細絲。大蒜去皮、去除中間的蒜芽、並切成蒜末。

3 在鍋內加入奶油、橄欖油，以中火翻炒洋蔥。加入蕃茄內的果肉，持續翻炒，直至水分蒸發。

4 加入雪莉醋跟紅椒粉，以小火加蓋烹煮20分鐘，直到番茄濃縮為泥狀。

5 歐芹（依個人喜好可加入香菜）去梗，將葉片切碎。在鍋盆中，將絞肉、蛋、大蒜、香料植物（依個人喜好可加入肯瓊香料粉）混合，以鹽和黑胡椒調味。最後在與濃縮番茄泥均勻混合，並填入中空的番茄中。

6 烤箱預熱到攝氏180度。

上菜當天

7 蓋上番茄上部分的蓋子，入烤箱烘焙15至20分鐘，依照番茄大小，調整其烘焙時間。

小訣竅： 可隨意使用吃不完的燉肉，將其撕碎，用來作為番茄鑲肉的內餡。

ROUGAIL SAUCISSE À MA FAÇON
我的獨門香料香腸

我對這道菜情有獨鍾，告訴你一個秘密，
在拍攝現場，我經常請員工餐的廚師準備這道菜。
真的很美味，在此我要向她致以讚美！

四人份

準備時間： 20 分鐘

烹調時間： 40 至 55 分鐘

材料

洋蔥 2 個
大蒜 4 瓣
番茄 4 個
莫爾托香腸（saucisses de
　Morteau）2 支
煙燻三層肉 150 克
新鮮生薑 30 克
芥花油 1 ½ 大匙
濃縮番茄泥 80 克
新鮮或乾燥的百里香 2 支
新鮮或乾燥的月桂葉 1 片
薑黃粉 1 大匙
水 500 毫升
鹽
黑胡椒

保存方式

於密封盒中，冷藏下可保存三天，
　亦可冷凍保存

餐酒搭配

口感稍微濃烈的卡奧爾 Cahors 紅
　酒

烹調步驟

1 洋蔥去皮後，切成細末。大蒜去皮、去除中間的蒜芽、並切成蒜末。生薑去皮，磨成薑泥。

2 番茄切成立方狀。

3 香腸切成圓片、三層肉切成條狀。

4 在燉鍋內熱油後，以大火將洋蔥翻炒至上色。

5 在鍋內加入圓片狀的香腸、條狀三層肉，翻炒幾分鐘直至上色。

6 加入番茄、濃縮蕃茄糊、薑泥、香料植物跟薑黃粉。加入水，並以中火烹煮30至45分鐘

7 加熱快完成時，以鹽和黑胡椒調味。

小訣竅： 在烹煮時，可加入泡過水的綠扁豆，之後以均質機均質，如此一來，克里奧（créole）風味的扁豆湯就完成了。

TRAVERS DE PORC
香烤豬肋排

這可是道讓大家都感到興奮的菜餚！肋排中充斥著油脂與糖分，
往往令人一不小心就吃多了。別忘了飯後要做運動呀（沒做也可以啦）！

四人份
準備時間：25 分鐘
烹調時間：2 小時 20 分鐘

材料
胡蘿蔔 6 根
洋蔥 2 個
大蒜 6 瓣
芥花油 1 大匙
豬肋排 1.5 公斤
蜂蜜 200 克
麵粉 40 克
濃縮番茄泥 1 大匙
芥末醬 1 大匙
白酒 150 毫升
水或牛高湯（p.198）1 公升
新鮮或乾燥百里香（thym）4 支
新鮮或乾燥月桂葉 2 片
（辣椒粉 5 小撮）
粗鹽
黑胡椒
（新鮮蝦夷蔥〔ciboulette〕10 支）
（新鮮香菜 8 支）
新鮮歐芹（persil）5 支
義大利巴西米克醋（vinaigre
　balsamique）100 毫升
鹽

保存方式
於密封盒中，冷藏下可保存四天，
　亦可冷凍保存

餐酒搭配
法國西南部 Madiran 紅酒

烹調步驟
1 將胡蘿蔔削皮、洋蔥去皮，胡蘿蔔切成大塊、洋蔥切成細絲大蒜去皮、去除中間的蒜芽、並用刀背壓碎。

2 在燉鍋內熱油後，來回翻面煎豬肋排，直到豬肋排整體表面呈現金黃色。

3 將豬肋排取出，放置在有深度的烤盤裡。在原本煎豬肋排的鍋中，以大火翻炒洋蔥、大蒜、胡蘿蔔，直至上色。

4 加入蜂蜜、麵粉、濃縮番茄泥、芥末，以小火加熱，攪拌均勻。

5 最後，加入水、白酒、百里香、月桂葉、辣椒粉、粗鹽和胡椒。

6 烤箱預熱到攝氏200度

7 把做好的醬汁淋在豬肋排上，入烤箱帶蓋烘烤約2小時。可使用能入烤箱的鑄鐵燉鍋，或是使用有深度的烤盤，上面以鋁箔紙包覆起來。

8 將醬汁過濾後，與紅酒醋一起在深型單柄鍋裡，以中火加熱濃縮至份量爲原本的三分之二。

上菜當天
9 香料植物去梗，將葉片切成細末。

10 將豬肋排放上餐盤，表面淋上醬汁，以鹽和黑胡椒調味。
（並灑上切成細末的新鮮香料植物）

小訣竅：如果想讓豬肋排更加鮮美軟嫩，可在前一天就醃肉。相信你的香烤豬肋排，將會驚艷大家。

POTÉE

法式蔬菜燉肉

這是道歷史悠久的頂級燉菜！
在我的美好回憶中，一位至親經常使用柴火燉煮這道菜。

四人份
準備時間：30 分鐘
烹調時間：2 小時 20 分鐘

材料
馬鈴薯 5 個
胡蘿蔔 4 根
蕪菁 4 個
羽衣甘藍 ½ 顆
洋蔥 1 個
大蒜 6 瓣
芥花油 4 大匙
半鹽漬（demi-sel）的豬後腿肉 2
　支
新鮮或乾燥的百里香 4 支
新鮮或乾燥的月桂葉 2 片
粗鹽
水 3.5 公升
莫爾托香腸（saucisses de
　Morteau）1 支

保存方式
於密封盒中，冷藏下可保存三天

烹調步驟

1 馬鈴薯、紅蘿蔔、蕪菁削皮。將馬鈴薯與蕪菁切成兩半，以水沖洗。

2 將甘藍菜最外圍的兩片葉子摘除後，將整顆甘藍菜切成四半。

3 洋蔥去皮。大蒜去皮、去除中間的蒜芽。將洋蔥跟大蒜切成兩半。

4 以大火在平底鍋中加熱兩大匙芥花油，放入切為兩半的洋蔥，切面貼鍋底，直到有一毫米的厚度稍微燒焦。

5 在燉鍋內，放入豬後腿、洋蔥、大蒜、百里香、月桂葉。加入水並以鹽和黑胡椒調味。沸騰後，以小火持續加熱至少一個半小時。

6 加入剩下的蔬菜，繼續煮45分鐘。

7 利用燉煮的時間，將香腸切成圓片。在平底鍋內熱兩大匙芥花油，並將香腸圓片兩面煎至金黃。

8 當蔬菜燉好後，盛盤並在上面擺上香腸圓片，即可上桌。

小訣竅：摘除的甘藍葉不要丟掉，汆燙後，可用來製作甘藍菜卷。

AGNEAU小羔羊料理

小羔羊的採買指南

在農場飼養的小羔羊，多數是爲了食用其肉（約90%，其餘則爲乳製品、起司或羊毛等），其兩種飼養方式可分爲兩種。

飼養方式

• 圈養：小羊於羊圈內飼養，在開始進食穀物和牧草前由母羊哺乳。
• 放養：此爲放牧系統，小羊在戶外活動，在草地和山區以草爲食。

清楚區分這兩種飼養方式至關重要，畢竟，除了品種外，羔羊（agneau）的年齡和飲食會與其肉的味道和顏色產生直接相關。簡單地說，一旦飲食中加入了母乳以外的飼料，肉的顏色和味道就會產生變化。日復一日，羔羊會愈來愈接近成羊（mouton綿羊）的味道。因此，出生超過300天後便不再稱之爲羔羊，而是稱之爲綿羊（當然，是被閹割過的）。我們追求的是味道濃郁，但羊羶味不過於濃烈。

乳羊

在40至60天（8至12公斤）時進行屠宰，乳羊尚未斷奶，仍以母綿羊的奶爲食。肉呈現白色且肌肉間的脂肪較少。其羊肉味較淡，肉質細緻。

白羔羊

在80至150天（16至25公斤）時進行屠宰，這是圈養的小羊。肉質多汁，味道在口中比乳羊強烈持久。

灰羔羊

在150至300天（20公斤以上）時進行屠宰，這是已經斷奶，且在放養下吃過牧草的小羊。因此它的肉呈現淡紅色，味道比白羔羊更強烈。

綿羊

在300天（30公斤以上）以上進行屠宰，肉質較粗且羊羶味也較濃。

小農羔羊

以下是由在地生產者生產，或具有標籤認證的羔羊。

法國紅牌標籤與IGP歐盟地理標誌保護

認證的標準，會依據地區與傳統的不同而有所別。標準旨在要求生產者對環境和動物福祉進行尊重。這些群羊大多爲放牧，在山區或草原上攝食。

有機飼養

飼育場規模小，自給自足，天氣條件允許時必須讓羊群進行放牧。禁止使用同期發情激素。60%的飼料必須由農場自產（或與該地區的有機生產者合作）。禁止使用經基因改良、或加入生長促進劑和改良劑的飼料。每頭動物在農舍裡，需要1.5平方米的空間，每頭羔羊則需要0.35平方米。

標準系統

如同其它同類型標籤，它保證動物在法國出生、飼養、屠宰、分切和加工。每10頭羔羊就有4頭是法國產的，其餘主要來自英國和愛爾蘭。理論上，當小羊因天氣不佳而在室內時，其飼養空間需要墊有牧草以利休息。但也有些小型生產者不願意遵守此標準規範。

標籤

AOC/AOP 法定產區認證

索姆灣（baie de Somme）鹽沼羔羊、聖米歇爾山灣（baie du Mont-Saint-Michel）鹽沼羔羊、庇里牛斯山的Barèges-Gavarnie綿羊。

IGP 地理標誌保護

阿韋龍省的羔羊；庇里牛斯山、洛澤爾省、波亞克、錫斯特龍、波旁地區、利穆贊、佩里戈爾、普瓦圖－夏朗特的乳羊（agneau de lait）；凱爾西地區的農家羔羊；阿韋龍省的白羔羊。

NAVARIN D'AGNEAU
燴小羔羊

燴小羔羊（navarin）或燉小羔羊（ragoût），兩種說法都可以，但坦白說，
「『燴』羊肉」給人的印象更爲深刻。所有含有醬汁的肉類菜餚，我都非常喜歡。
就我個人而言，總是習慣多做一些，以便隔餐繼續享用。
但很難克制自己，不一口氣全部吃完就是了！

四人份

準備時間：30 分鐘
烹調時間：2 小時

材料
馬鈴薯 4 個
蕪菁 3 個
胡蘿蔔 2 根
大顆洋蔥 1 個
珍珠洋蔥 10 個
大蒜 5 瓣
新鮮歐芹（persil）2 支
芥花油 1 大匙
奶油 150 克
適合煎炒的羔羊肉 1 公斤（例如
　肩肉部位）
麵粉 30 克
濃縮番茄泥 2 小匙
白酒 150 毫升
水 2 公升
新鮮百里香 2 支
新鮮月桂葉 1 片
鹽
白糖 50 克

保存方式
於密封盒中，冷藏下可保存三天，
　亦可冷凍保存

餐酒搭配
波爾多梅多克 Médoc 紅酒

烹調步驟

1　蔬菜削皮後沖水。將洋蔥、胡蘿蔔切爲立方狀；蕪菁切爲四等份；馬鈴薯切成圓片。

2　大蒜去皮、去除中間的蒜芽、並切成蒜末。歐芹切碎。

3　在燉鍋內，加熱葵花油與50克的奶油，並以大火，將肉塊每面煎至金黃。

4　將肉取出、將燉鍋內的油脂倒掉後，再次把肉放進鍋裡。撒上麵粉並攪拌均勻。加入濃縮番茄泥與洋蔥。充分混合，再加入白酒、水、百里香、月桂葉、蒜末。以文火微滾的狀態，加熱2至4小時。結束時，湯汁應濃縮爲原本的三分之二。

5　利用烹煮羊肉的時間，將馬鈴薯片在沸騰鹽水的鍋中，煮5至6分鐘。以漏勺取出馬鈴薯，再將胡蘿蔔下鍋煮5至6分鐘。當刀子能輕易插入食材時，代表食材已經煮好了。

6　將切塊的蕪菁與50克的奶油、25克的白糖，放入深鍋中。加入與蕪菁等高的水，以中火加熱，直至所有的水分蒸發，蕪菁呈現焦糖色。

7　以同上的步驟，處理珍珠洋蔥，烹煮時不斷將醬汁澆淋於珍珠洋蔥上，水分蒸發後停止加熱。取出珍珠洋蔥並切爲兩半。

8　當肉燉好後，將所有的蔬菜加入燉鍋，並攪拌均勻。將鍋內食材盛入大盤，並在上桌前撒上切碎的歐芹。

小訣竅：如果想要醬汁更爲濃稠，可在燉鍋中，加入兩隻羊蹄一起燉煮。

AGNEAU AUX FRUITS SECS
香料果乾小羔羊

這道菜充滿異國風情,深得我心。就如同所有有醬汁燉煮菜,我們使用肉最硬的部位,
使其在長時間烹煮後,仍能保持形狀。而此部位的肉,價格也較實惠。

四人份
準備時間:15 分鐘
烹調時間:1 小時 45 至 2 小時

材料
胡蘿蔔 2 根
洋蔥 1 個
大蒜 4 瓣
杏桃乾 150 克
適合煎炒的羔羊肉 1 公斤(例如
　肩肉、腿肉等部位)
芥花油 1 大匙
奶油 20 克
麵粉 30 克
白酒 100 毫升
水 1.5 公升
粗鹽
黑胡椒
八角 1 顆
北非綜合香料(Ras el-hanout)
　10 克
葡萄乾 50 克
新鮮香菜 5 支
新鮮薄荷 5 支
杏仁片 40 克

保存方式
於密封盒中,冷藏下可保存三天

餐酒搭配
波爾多梅多克 Médoc 紅酒

烹調步驟

1 胡蘿蔔削皮、洋蔥去皮,沖水洗淨,胡蘿蔔切成薄片、洋蔥切成絲。

2 大蒜去皮、去除中間的蒜芽、並切成蒜末。

3 杏桃乾切成兩半。

4 將羔羊肉切成5公分的立方形。

5 在燉鍋中加入芥花油及奶油,以大火將肉塊表面煎至金黃。將肉塊取出,將鍋中多餘的油倒掉,再放回肉塊。撒上麵粉並攪拌均勻。

6 加入胡蘿蔔、洋蔥、大蒜,並翻炒幾分鐘。加入白酒、水、粗鹽和黑胡椒。最後加入八角與北非綜合香料,以文火微滾的狀態,加熱一個半小時。

....

上菜當天

7 在第六步驟結束的前15分鐘,加入杏桃乾跟葡萄乾。

8 將烤箱預熱到攝氏160度。

9 將杏仁片分散放置於烤盤上,烘烤10至15分鐘,直到上色。放置一旁備用。

10 香料植物去梗,將葉片切成細末。

11 當鍋內羔羊肉燉煮好,盛盤,並在上面撒上烘烤過的杏仁片及香料植物。

> **小訣竅:**為了讓菜餚更加濃郁,在撒上麵粉後,可將肉放入烤箱中烘烤10分鐘,以增添風味。此手法適用於所有燉菜料理。

BŒUF ET VEAU牛肉與小牛肉料理

牛肉與小牛肉的採買與挑選指南

「小牛」和「牛」之間的區別在於年齡。在法國，8個月以下的小牛，稱之爲「veau」；8個月以上則稱之爲「bœuf」，也就是牛。但在「bœuf」這個詞中，包括整個家族：雌性，又可細分爲乳牛（vache）或還沒有生產的小母牛（génisse）；雄性，則又分爲公牛（taureau）或閹割的公牛（bœuf），以及小公牛（taurillon）。另外還可依飼養方式分類：奶牛養殖的乳牛場，採用產乳量較高的品種（同時也會提供小牛母奶），另一種則爲肉牛養殖，飼養因其卓越肉質而廣受認可的品種。另外亦存在兼具以上兩者的綜合型養殖方式。

飼養方式

放養的小牛與牛

這些飼養的品種適應其生長地區，牛群在天氣允許的情況下，便立卽離開牛舍，進入室外牧場，以最大程度尊重自然週期。牛體生長所需時間較長、有規律，從不強迫。

法國紅牌標籤

雖然在採買時，應優先考慮比密集養殖環境要好得多的紅牌標籤產品，但其實牛肉的紅牌標籤規範並不是非常嚴格。不同養殖場的飼養方式可能有很大的落差，因此同爲紅標產品，牛肉的品質可能相差甚遠。

- 牛肉需要熟成10天，以發展出更豐富的風味、使肉質更軟嫩。
- 養殖場必須能自行生產60%的飼料，且禁止使用基因改造飼料。
- 每年至少有5個月的放牧時間。
- 屠宰前4個月內禁止使用抗生素。
- 確保小牛獲得充足的營養與照顧，禁止人爲導致營養缺乏。

- 小牛牛舍內，必須有牧草鋪墊和天然日照。

有機飼養

有機飼養除了尊重環境外，還減少了殺蟲劑跟化學肥料的使用。盡量選擇有機飼養的牛肉，因其飼養方式，有助於減輕畜牧業對環境的污染。

- 小牛在3個月內以母乳餵養。
- 禁止人爲導致小牛營養缺乏。
- 自然通風和天然日照。
- 活動空間：室內每頭動物6平方米，戶外每頭動物4.5平方米。

標準系統－密集飼養

各位無法想像眞實情況有多糟。密集飼養的牛舍，不存在上面提到的任何規範。要知道，在法國被消費的牛中，每3頭就有1頭是奶牛，但奶牛的換肉率較低，故在壽命一半時就被宰殺。歐盟並沒有對其制定標準與規範。因此，養殖場對3歲以上的母牛，每年進行人工受孕，以產下小牛。小牛在出生後1到2天後就被帶離母牛身邊，以便保留母牛的乳汁供人類飲用。小牛生活在1.5到1.8平方米的空間裡，永遠不見天日，直到在出生6到8個月後被宰殺。

標籤

牛的品種

布拉克牛（aubrac）、灰毛牛（bazadaise）、藍白牛（blanc bleu）、金碧緹牛（blonde d'aquitaine）、夏洛利牛（charolaise）、加斯科牛（gasconne）、利摩贊牛（limousine）、帕特奈茲牛（parthenaise）、卡馬格牛（raço di biou）、紅毛牧原牛（rouge des prés）、薩萊爾牛（salers）。

FOND DE BŒUF

牛高湯

製作牛高湯的宗旨爲，從牛尾、牛骨或牛頸部等較不昂貴的部位，
濃縮其含有的風味精華和膠質，以提取出鮮美的汁液，作爲烹調菜餚湯底或醬汁的基底。

可製作1.5公升的牛高湯
準備時間：20 分鐘
烹調時間：4 小時 30 分鐘

材料
牛尾（或牛頸部、牛骨）1.2 公斤
芥花油 4 大匙
胡蘿蔔 2 根
洋蔥 2 個
番茄 2 個
甜蒜 1 根
大蒜 4 瓣
麵粉 30 克
濃縮番茄泥 1 大匙
白酒 150 毫升
水 3 公升

保存方式
於密封盒中，冷藏下可保存五天，
亦可冷凍保存

烹調步驟

1 烤箱預熱到攝氏220度。

2 將牛尾、牛骨或牛頸部，切成大塊（可請肉販幫忙進行此步驟）。入烤箱，在烤盤上烘烤25至35分鐘。

3 利用前一步驟烘烤的時間，將洋蔥去皮、清洗胡蘿蔔、番茄。胡蘿蔔、甜蒜切成大塊，洋蔥切爲兩半，番茄切成大立方狀。大蒜去皮、並用刀背壓碎。

4 以大火在平底鍋中加熱芥花油，放入切爲兩半的洋蔥，切面貼鍋底，直到有一毫米的厚度稍微燒焦：這步驟將爲牛高湯帶來更有層次的味道。

5 當烤盤上的牛肉烘烤至漂亮的色澤時，撒上麵粉。攪拌均勻後，入烤箱繼續烤5至10分鐘。

6 將牛肉放入燉鍋內，加入所有的蔬菜、濃縮番茄泥、洋蔥、大蒜，翻炒幾分鐘。保留烤牛肉的烤盤。

7 在烤牛肉的烤盤內，加入白酒，將盤底的精華物質溶入白酒中，並將此液體倒入燉鍋中。

8 在燉鍋內加入水，以小火燉至少四小時。

....

上菜當天
9 將燉鍋內的牛高湯以篩網過濾。

小訣竅：如果想在家重現我的餐廳所製作的牛高湯，可將牛高湯燉煮24小時，期間不時的加水保持水位高度，補充因長時間燉煮而蒸發的水分。

BLANQUETTE DE VEAU
法式白醬燉小牛肉

如果向法國人問起最喜歡的三道法國菜，你會發現幾乎每個人都會回答「白醬燉小牛肉」。
然而，深諳如何製作的人卻不多！在此將傳授此菜餚的製作方式。

六人份

準備時間：35 分鐘
烹調時間：2 小時 15 分鐘

材料

適合煎炒的小牛肉（小牛肩、小
　牛頸）1.2 公斤
水 3 公升
新鮮百里香 2 支
新鮮月桂葉 1 片
胡蘿蔔 4 根
洋蔥 2 個
甜蒜 ½ 根
大蒜 3 瓣
檸檬（支）1 顆
新鮮蝦夷蔥（ciboulette）10 支
白蘑菇 300 克
葵花油 1 大匙
奶油 60 克
麵粉 60 克
鮮奶油（乳脂肪含量 35 % 以上）
　200 毫升
粗鹽
黑胡椒

保存方式

於密封盒中，冷藏下可保存三天，
　亦可冷凍保存（不包含第九步
　驟的打發鮮奶油）

餐酒搭配

酒體醇厚圓潤，帶有點焦香味的
　勃艮第白酒

烹調步驟

1 將小牛肉切成大小相似的塊狀後，與水、百里香、月桂葉，放入燉鍋中。烹煮期間，不時地撈除液體表面的浮沫。

2 利用小牛肉加熱的時間，將胡蘿蔔削皮、洋蔥去皮. 胡蘿蔔切半、洋蔥切為四半。甜蒜切成塊狀。大蒜去皮、去除中間的蒜芽、並用刀背壓碎。

3 將白蘑菇以外的蔬菜加入燉鍋。以小火燉煮1小時30分鐘。

4 利用燉煮的時間，將白蘑菇洗淨，去除過長的柄，依照大小切成四或六等分。

5 在鍋中熱油，以大火將白蘑菇煎煮至表面金黃。將蘑菇與其烹煮出水的汁液，一起保留備用。

6 當燉鍋內的小牛肉與蔬菜煮熟時，將小牛肉與蔬菜以撈網撈起，放置於盤子上備用。將鍋內的汁液以篩網過濾。

7 在大平底鍋內，以中火融化奶油，並加入麵粉。持續攪拌，直到得到質地均勻的油糊（roux）。轉小火，加入700毫升過濾過的湯汁、兩撮粗鹽，期間以打蛋器不斷攪拌，直到得到棕色且質地黏稠的醬汁。

8 在另一個鍋中，將剩下的湯汁加熱濃縮，直至份量減半。

上菜當天

9 將鮮奶油放入鋼盆，連鋼盆入冰箱冷藏10至15分鐘後，加入檸檬汁打發，直到質地堅挺。將打發鮮奶油輕輕拌入第七步驟的棕色醬汁中，再加入第八步驟的濃縮湯汁、第五步驟的白蘑菇及其湯汁。

10 將小牛肉及蔬菜盛盤，並淋上第九步驟的醬汁，撒上蝦夷蔥細末即完成。

馬倫戈燉小牛肉

全世界的美食家都傾心於法國的白醬燉小牛肉：
那是因爲他們還沒嚐過馬倫戈燉小牛肉的美味！這兩道菜與勃艮第紅酒燉牛肉，
可是法式醬汁料理的三劍客呢。人人「味」我，我「味」人人！

六人份
準備時間：30 分鐘
烹調時間：2 小時 35 分鐘

材料
胡蘿蔔 2 根
洋蔥 1 個
珍珠洋蔥 8 個
大蒜 4 瓣
新鮮歐芹（persil）4 支
番茄 3 個
適合煎炒的小牛肉（小牛肩、小牛頸）1.2 公斤
芥花油 4 大匙
麵粉 30 克
白酒 150 毫升
新鮮百里香 2 支
新鮮月桂葉 2 片
水或小牛高湯 1 公升
粗鹽
奶油 30 至 70 克
白糖 10 克
白蘑菇 200 克

保存方式
於密封盒中，冷藏下可保存三天，亦可冷凍保存僅進行到步驟五的部分

餐酒搭配
隆河谷地紅酒

烹調步驟

1 胡蘿蔔削皮，洋蔥、珍珠洋蔥大蒜去皮。胡蘿蔔切成塊狀、洋蔥切成細絲、大蒜切成蒜末。

2 蕃茄洗淨，切成大塊。

3 烤箱預熱到攝氏180度。

4 將小牛肉切爲邊長約5公分的立方體。在燉鍋中加入2大匙芥花油，以大火將小牛肉塊與洋蔥煮至金黃色。加入麵粉，充分攪拌，入烤箱烘烤10分鐘。

5 在鍋內加入白酒，融化鍋底的焦香精華。加入胡蘿蔔、大蒜、番茄、百里香、月桂葉。加入水跟粗鹽，以小火慢燉2小時。

6 利用燉煮牛肉的時間，將珍珠洋蔥放入有深度的鍋中，以中火加熱，放入等高的水、白糖、奶油，加熱到水分充分蒸發。之後在鍋中翻炒珍珠洋蔥，使之上色，並用湯匙將鍋裡焦糖色的醬汁與珍珠洋蔥好好混合。

7 將白蘑菇洗淨，去除過長的柄，依照大小切成四或六等分。在平底鍋中熱2大匙芥花油，以大火翻炒白蘑菇，以鹽和黑胡椒調味，直到白蘑菇稍微上色。

8 當肉燉好時，加入珍珠洋蔥、白蘑菇及其烹調汁液。

上菜當天
9 歐芹去梗，將葉片切碎後灑在小羊肉上卽可。

ROGNONS DE VEAU SAUCE MOUTARDE

芥末醬小牛腎

我寫的食譜書，一定會包含內臟料理。

我知道內臟給人的印象並不好，但只要烹飪得當，就會變得美味可口。我可以向你保證！

在下結論前，請先與新鮮義大利麵一起品嚐。

兩人份

準備時間： 20 分鐘

烹調時間： 30 分鐘

材料

小牛腎臟 1 公斤

芥花油 1 大匙

白酒 80 毫升

牛高湯（食譜 p.228）或水 200
　　毫升

鮮奶油（建議乳脂肪含量 35 % 以
　　上）150 毫升

芥末籽醬 50 克

鹽

黑胡椒

新鮮歐芹（persil）5 支

麵粉

保存方式

於密封盒中，冷藏下可保存兩天
（歐芹除外）

餐酒搭配

風味濃郁、酒體扎實的波爾多
Saint Émilion 紅酒

烹調步驟

1　如果購買來的小牛腎臟外圍有脂肪，先將脂肪去除。將小牛腎切成約4公分的塊狀。在入鍋前，先沾上麵粉。

2　在大的深底平底鍋裡熱油，並以大火將沾上麵粉的小牛腎每個面都煎煮，過程約5至10分鐘，取決於你想要小牛腎中心半熟還是全熟。出鍋放於盤上，靜置備用。

3　將白酒加入煎過小牛腎的鍋裡，將鍋底的焦香精華溶化，再加入牛高湯，持續加熱，將液體濃縮至原量的四分之三。

4　以小火持續加熱，並加入鮮奶油與芥末籽醬，並以鹽和黑胡椒調味。

5　加入煎過的小牛腎，並以鍋中醬汁充分包裹。

....

上菜當天

6　歐芹去梗，將葉片切末後灑在煮好的小牛腎上即可。

小訣竅：在步驟三，可多加兩大湯匙的白酒，使菜餚口味更有層次，並能減少牛腎的腥味。

POT-AU-FEU

鄉村蔬菜燉牛肉

我相信這是道能代表法國鄉土料理的佼佼者。
以下將介紹如何按照傳統方法製作蔬菜燉牛肉。搭配好的芥末籽醬,眞是一大享受。

六人份
準備時間:25 分鐘
烹調時間:3 小時 15 分鐘

材料
洋蔥 2 個
馬鈴薯 3 個
胡蘿蔔 3 根
甜蒜 2 根
蕪菁 3 個
大蒜 6 瓣
適合燉煮的牛肉 1.5 公斤
芥花油 2 大匙
奶油 20 克
水 3 公升
新鮮百里香 3 支
新鮮月桂葉 2 片
粗鹽
牛骨髓 3 個
黑胡椒

保存方式
於密封盒中,冷藏下可保存三天

餐酒搭配
桑賽爾 Sancerre 紅酒

烹調步驟

1　洋蔥削皮,其中一個切成兩半,剩餘的切成小塊。

2　馬鈴薯削皮,切成厚圓片,沖水去除表面澱粉。

3　胡蘿蔔削皮、洗淨甜蒜,將兩者切成長條塊狀。

4　蕪菁削皮,切成四半。

5　大蒜去皮、去除中間的蒜芽。

6　將肉切爲約5公分的立方狀。

(7　在平底鍋內加入一湯匙芥花油,加入切爲兩半的洋蔥,切面貼鍋底,直到有一毫米的厚度稍微燒焦:這步驟將爲蔬菜燉牛肉帶來更有層次的味道。)

8　在燉鍋中,加入奶油跟一湯匙芥花油,以中火翻炒肉塊的每個表面。

9　加入水、大蒜、百里香、月桂葉、粗鹽。加熱至沸騰後,轉中火燉煮一個半小時。

．．．

上菜當天

10 在鍋內加入蔬菜、牛骨髓、洋蔥,維持中火,再燉煮一個半小時。

11 燉煮結束時,以黑胡椒調味。

小訣竅:別忘了替牛骨髓準備烤過的麵包片,將牛骨髓作爲菜餚最先品嚐的部分,趁熱享用。

勃艮第紅酒燉牛肉

是該嚴肅做筆記的的時候了，這道菜可算是法式飲食文化傳承下的精華。毫無疑問，
雖然其製作過程有點冗長，但每個人都該掌握這個真的算不上困難的經典食譜。

六人份
準備時間：30 分鐘
烹調時間：2 小時 25 分鐘
靜置時間：1 小時 30 分鐘

材料
胡蘿蔔 4 根
洋蔥 2 個
大蒜 4 瓣
甜蒜白色部分 1 根
新鮮或乾燥的百里香 3 支
新鮮或乾燥的月桂葉 3 片
適合燉煮的牛肉 1.5 公斤
黑胡椒 1 小匙
紅酒 1.2 公升
牛高湯（p.228）或水 3 公升
葵花油 3 大匙
麵粉 30 克
奶油 60 克
白糖 1 小匙
紅醋栗果醬 1 小匙
鹽
黑胡椒
（新鮮藍莓或黑莓 2 大匙）

保存方式
於密封盒中，冷藏下可保存三天

餐酒搭配
勃艮第 Mercurey 紅酒

烹調步驟

1 胡蘿蔔削皮後切成塊狀。洋蔥去皮、大蒜去皮、去除中間的蒜芽、並切成蒜末。將甜蒜最外圍一層剝除後，切成段狀。

2 準備香草束：將兩片月桂葉、兩支百里香，以前一步驟剝除的甜蒜外層包起來，使用棉線固定。

3 將肉切成約5公分的規則立方狀。

4 在燉鍋中放入肉、蔬菜、香草束和胡椒碎粒，加入800毫升紅酒和牛高湯。蓋上蓋子，冷藏浸泡至少一個半小時。為了味道更加濃郁，可冷藏浸泡一整夜。

5 取出肉和蔬菜等配料。保留紅酒汁和肉。

上菜當天

6 烤箱預熱到攝氏180度。

7 在可入烤箱加熱的鑄鐵燉鍋中，加入3大匙芥花油，以大火將牛肉塊每面煎至金黃色。加入麵粉，充分攪拌使麵粉均勻包裹肉塊，入烤箱烘烤10分鐘。

8 將蔬菜配料與紅酒汁放入置有牛肉的鑄鐵燉鍋中，以小火燉至少一小時四十五分，直到液體濃縮至原量的三分之二。

9 當牛肉的纖維軟爛時，將肉和蔬菜配料取出瀝乾，燉肉汁則保留在鍋中。

10 奶油切成小塊。用中火將燉肉汁與剩下的400毫升紅酒和糖煮至濃稠，然後一邊用打蛋器攪拌，一邊加入奶油。加入剩餘的月桂葉、百里香、鹽和胡椒（亦可加入新鮮水果和紅醋栗果醬）。

11 將牛肉與蔬菜配料淋上醬汁，一起上桌。

HACHIS PARMENTIER

薯泥焗牛肉

這是道全家大小都喜歡的菜餚！可使用高品質的牛絞肉，或者用刀剁碎
家裡冰箱多餘的肉（和蔬菜）。一定要使用自製的馬鈴薯泥（p.156）製作！

六人份
準備時間：55 分鐘
烹調時間：1 小時 35 分鐘

材料
洋蔥 2 個
大蒜 5 瓣
葵花油 1 大匙
奶油 10 克
牛絞肉 800 克
牛高湯（p.228）或水 200 毫升
新鮮歐芹（persil）5 支
（新鮮龍蒿 5 支）
新鮮百里香 3 支
鹽
黑胡椒
麵包粉 60 克

馬鈴薯泥（p.156）
馬鈴薯 1 公斤
牛奶 200 毫升
奶油 200 克
鹽

保存方式
於密封盒中，冷藏下可保存三天

餐酒搭配
波爾多 Côtes de franc 紅酒

烹調步驟

1 製作馬鈴薯泥（p.156）。

2 洋蔥去皮後，切成細末。

3 大蒜去皮、去除中間的蒜芽、並用刀背壓碎。

4 在燉鍋中加熱葵花油跟奶油，以大火爆香洋蔥跟大蒜。加
入絞肉直到表面呈現金黃色（約5到10分鐘）。

5 加入牛高湯，以中火加熱，不蓋蓋子，使水分能蒸發。

6 利用加熱的時間，將香料植物去梗，葉片切成細末，加入
絞肉中，並確認調味。

上菜當天

7 烤箱預熱到攝氏200度。

8 將煮好的絞肉放置於焗烤盤中，在上面平鋪馬鈴薯泥並以
小刀劃上菱格紋路（請參見圖片）。撒上麵包屑，然後入爐烘
烤10到15分鐘。

小訣竅： 在我的料理中，香料植物佔有很大的地位，這
也是為何我建議你亦可在絞肉裡加入鼠尾草細末的原
因。

TAGLIATELLES À LA BOLOGNAISE
波隆那肉醬麵

這裡提供的是正統的波隆那醬汁版本。
一道快速簡單、讓所有人都滿意的食譜。

兩人份
準備時間： 45 分鐘
烹調時間： 45 分鐘

材料
新鮮義大利麵麵團（p.86）
麵粉 350 克
蛋黃 260 克（約為 13 個蛋黃）
橄欖油 3 大匙
鹽 4 克

洋蔥 100 克
大蒜 3 瓣
番茄 3 個
橄欖油
牛絞肉 300 克
鹽
黑胡椒
牛高湯 400 毫升
奧勒岡 1 小匙
車窩草（cerfeuil）15 克
歐芹（persil）
刨削的帕馬森起司

保存方式
冷凍保存：僅適用於肉醬，不適
　用於麵條
於密封盒中，冷藏下可保存三天

餐酒搭配
酒體輕盈的 Saumur 紅酒

烹調步驟

1　參照86頁的食譜，製作新鮮義大利寬麵。

2　將洋蔥跟大蒜去皮。

3　番茄切為兩半，並去除裡面的種籽，切成大塊。

4　在燉鍋內，以大火加熱洋蔥和橄欖油，翻炒五分鐘直到上色。加入大蒜、牛肉。以鹽和黑胡椒調味，並加入番茄。

5　加入牛高湯，加熱30分鐘，直到醬汁濃縮至原本的一半。

....

上菜當天

6　將車窩草切細。

7　麵條下水煮三分鐘。

8　將麵條瀝乾，並快速地以冷水沖洗。

9　將麵條放入餐盤，上面淋上波隆那肉醬、一點橄欖油、撒上刨削的帕馬森起司。

小訣竅： 喜歡起司的人，可在淋上波隆那肉醬前，先將大量的帕馬森起司放置於溫熱的麵條上，之後再淋上肉醬使起司充分融化。

CRÉMERIE乳製品食譜

牛奶的採買與使用指南

牛奶的類型

生乳

生乳指的是直接從奶牛乳房提取的產品，因含有微生物，故通常只能直接與生產者購買，或在當地的小型乳製品店取得，因此也被稱為「農家牛奶」。生乳未經過任何為了延長保質期所做的加工或殺菌，故應在擠奶後約三天內食用。

在乳品加工業，為了延長保質期，通常使用兩種方法：過濾和巴氏殺菌。

鮮奶

鮮奶加工的宗旨為，使用過濾技術保留生乳美味香濃口感的同時，透過巴氏殺菌延長其保質期。第一種方法是同時使用這兩種技術，先將脫脂的牛奶過濾，然後與巴氏殺菌過的乳脂肪混合；另一種是只進行巴氏殺菌，將牛奶加熱至約攝氏80度，持續約十秒，然後冷卻。這種處理方式能夠將牛奶的保質期延長7天。

高溫巴氏殺菌

與鮮奶加工的過程相近，但在較高的溫度下進行巴氏殺菌，能使牛奶保質期增加數天之多，如果放在冰箱裡，最多可保存1個月。

巴氏殺菌過程溫度愈高，蛋白質就愈容易變性。同時，乳酸菌、酶和對人體有益的微生物也會減少。請注意，一旦開封，便不宜在冰箱保存超過5天。

超高溫滅菌法

此法的滅菌溫度接近攝氏150度。在如此高溫的處理下，牛奶被完全滅菌，可保存幾個月都不會變質，因此可在室溫下保存。

乳脂肪

牛奶中天然含有的乳脂肪，賦予了牛奶滑順的口感和濃郁的風味。為了使販售的牛奶乳脂肪比例標準化，會先將牛奶進行離心脫脂，將乳脂肪分離出來，然後再按照法規規範的乳脂肪比率重新加入脫脂後的牛奶中。在法國，全脂牛奶（紅色包裝）含有3.5%的乳脂肪，低脂牛奶（藍色包裝）則含有1.5%至1.8%的脂肪，脫脂牛奶（綠色包裝）則不添加任何脂肪。

注意事項

牛奶的乳脂肪含量愈少，其含有的維生素亦愈少。

牛乳的替代品

動物性替代品

山羊奶、綿羊奶。

植物性替代品

• 杏仁奶可用於製作甜點。購買時，切記檢查杏仁比例和糖量（在營養標示表格的「糖分」可找到相關資訊）。

• 燕麥奶可用於製作鹹食或甜點。

• 原味優格，可在某些食譜中代替牛奶。其益生菌發酵的酸味，能使菜餚吃起來較清爽。

標籤

IGP地理標誌保護

草飼牛乳*、綿羊奶、山羊奶

*在法國，草飼牛乳的標示規定，乳牛必須攝取天然牧草與乾草（佔飼料75%以上）。

鮮奶油的採買

對於那些坐在教室後排，而沒跟上進度的人，這裡談論的是在牛奶脫脂後所獲得的乳脂肪。從前，乳脂肪是透過讓牛奶靜置沉澱，取出自然浮在表面的脂肪收集而成。如今，我們使用離心機來完成此步驟。

鮮奶油的種類

鮮奶油

未加工的鮮奶油被稱爲 "crème crue生鮮奶油"（相當於前文「生乳」的鮮奶油版本），只有產地直銷店才買得到，且不易保存。市售鮮奶油經過巴氏殺菌處理（與牛奶的處理過程相同），被稱爲 "crème fleurette鮮奶油"。

與超高溫滅菌牛奶一樣，鮮奶油也可以進行滅菌處理，使其能在室溫下保存。可用於製作糕點，且由於其流動性，我也會用來製作料理的醬汁。鮮奶油還可用於製作打發鮮奶油（crème fouettée，不加糖打發）和香堤伊奶油（crème chantilly，加糖打發）。

法式濃稠酸奶油、半濃稠酸奶油

法式濃稠酸奶油爲鮮奶油加入乳酸菌後，經過發酵，產生濃稠的質地與少許的酸味。半濃稠酸奶油，其特性則介於鮮奶油與濃稠酸奶油之間。

可用於替醬汁增稠，或用來代替奶油。

全脂鮮奶油、低脂鮮奶油……

與牛奶一樣，我們也可以將鮮奶油以乳脂肪比率分類：

• 雙倍鮮奶油：乳脂肪含量40%以上。
• 全脂鮮奶油（紅色包裝）：乳脂肪含量30%以上。
• 低脂鮮奶油（藍色包裝）：乳脂肪含量12%至21%。
• 脫脂奶油：乳脂肪含量5%。

標籤

AOC/AOP法定產區認證

Isigny伊思尼鮮奶油、Bresse布雷斯鮮奶油。

奶油的採買

奶油的類型

現在，我們要來談談乳製品最後的製程，也就是經由攪打鮮奶油而得到的奶油。鮮奶油經過攪打，會分成脂肪及乳清（le petit-lait /lait de beurre）兩個部分。

生奶油

如同前述所提及的生乳和生鮮奶油（crème crue），生奶油並未經過任何延長保質期的處理，故味道最濃郁。使用未經巴氏殺菌處理的鮮奶油製成。

超精製奶油與精製奶油

超精製奶油（beurre extra fin）使用巴氏殺菌處理的鮮奶油製成，做爲原料的鮮奶油不能經過冷凍處理，並應在擠奶後迅速製作；而精製奶油（beurre fin）在製作時，則可部分使用冷凍過的鮮奶油作爲原料。

揉混發酵奶油

如同前述的法式濃稠酸奶油（crème épaisse），添加乳酸進行發酵，具有濃郁的風味。除此之外，還必

須加上揉捏混拌的步驟，以使奶油口感更加豐滿厚實。請注意，這邊的揉捏混拌（malaxage），與製作奶油的攪打（baratter）過程不同，所有的奶油都是經過鮮奶油攪打而得。

澄清奶油

與牛奶和鮮奶油不同，市面上並不存在經過超高溫滅菌故可長時間在室溫下保存的奶油製品。但我們可自製澄清奶油，只需將奶油加熱，去除表面的浮渣，然後取中間透明金黃的部分即可。澄清奶油冷卻後會變成半固體狀，可在密封容器中室溫（譯註：請注意台灣室溫較高）保存數月。

澄清奶油，其發煙點比一般奶油高，故適用於高溫烹飪。

低含水奶油、糕點千層專用奶油

市售的奶油含有82％的脂肪，低含水奶油則爲84％。適用於製作千層酥皮，因其含水量少，故延展性高。

低脂奶油

當降低奶油的脂肪含量時，就得到低脂奶油（脂肪含量60%），和低脂淡味奶油（脂肪含量40%）。當然還有脂肪含量僅有20%的產品，但在法國，法規規定這些產品不能稱作「奶油」販售。

無鹽奶油、鹹奶油、半鹽奶油

在使用工業化製程前，在奶油中添加鹽是爲了提高其保存性。如今的製造工藝已不再需要靠鹽來延長保質期，但含鹽奶油依然存在。

因此，除了無鹽奶油外，市面上還有含0.5%至3%鹽分的半鹽奶油，以及含3%以上鹽分的鹹奶油。

人造奶油

雖然不是奶油，但還是值得討論。人造奶油爲由植物油製成的乳化物，通常由多種油（葵花籽油、芥花油、玉米油等）組成。

植物替代品

橄欖油

製作糕點的替代品

橄欖油、花生醬、杏仁醬、芝麻醬、香蕉、甚至櫛瓜。

標籤

AOC/AOP法定產區認證

Isigny伊思尼奶油、Charentes Poitou普瓦圖-夏朗德奶油、Bresse布雷斯奶油。

注意事項

奶油富含大量的維生素A，但同時也含有對心血管有害的飽和脂肪酸。

GOUGÈRES AU FROMAGE
法式起司鹹泡芙

將冰箱剩下的起司，搖身一變成為美味的開胃小點。
製作簡單又快速，人人都愛法式起司鹹泡芙！

六至八人份

準備時間：30 分鐘

烹調時間：20 至 25 分鐘

靜置時間：30 分鐘

材料
全蛋 1 顆
起司絲 40 克

泡芙麵糊（p.84）
奶油 100 克
牛奶 125 毫升
水 125 毫升
鹽 4 小撮
麵粉 150 克
全蛋 4 顆 + 蛋黃 1 個

保存方式
上桌後立即享用

餐酒搭配
美味的 Crémant 氣泡酒

烹調步驟

1　製作泡芙麵糊（步驟參見食譜 p. 84）。

2　當泡芙麵糊表面光滑且質地均勻時，加入起司絲，並將混合物填入裝有花嘴的裱花袋中。

3　在鋪有烘焙矽膠墊或烘焙紙的烤盤上，擠上直徑三公分，高三公分的泡芙麵糊，且在每個泡芙間，保持三公分的空隙。

4　烤箱預熱到攝氏180度。

5　將蛋黃攪拌均勻後，用刷子將蛋液刷在泡芙的表面。小心不要刷太厚，以免多餘的蛋黃流至泡芙底部。

6　入烤箱烘烤20至25分鐘，直到起司鹹泡芙呈現金黃色。烘烤期間，不可打開烤箱門，以避免讓泡芙膨脹的水蒸氣散失。

小訣竅：在製作宴請賓客的開胃小點時，可活用此配方，做出不同口味的版本。將泡芙麵糊分成數份，加入不同種類的起司（例如：comté康特起司、gruyère格呂耶爾起司、emmental艾門塔爾起司、藍紋起司、核桃乳酪等），也可以加入一些香草植物或香料。在出爐時，灑上磨碎的起司和切碎的榛果，會更美味。

SOUFFLÉ AU FROMAGE
起司舒芙蕾

嗯，我同意製作起司舒芙蕾並不簡單，需要些技巧。
還記得年少就讀餐飲學校時，我也失敗過幾次。至於這邊所呈現的食譜，
可是我跟廚房助手西蒙，進行了二十幾次嘗試，才找到適合各位在家製作的配方呢！

四至六人份
準備時間：25 分鐘
烹調時間：25 分鐘

材料
全蛋 4 顆
牛奶 100 毫升
鮮奶油 300 毫升
康特乳酪絲（comté râpé）
　400 克
玉米粉 30 克
奶油 10 克
鹽
牛奶 1 大匙

保存方式
上桌後立即享用

餐酒搭配
Jura 侏羅黃酒（vin jaune）

烹調步驟

1 將四個蛋白，放入鋼盆或電動攪拌機的攪拌缸中。

2 在深鍋中，以中火將牛奶和鮮奶油煮沸後，加入康特乳酪絲。離火攪拌，直到乳酪絲完全融化。

3 當康特乳酪絲充分融化後，加入兩個蛋黃、玉米粉，持續在離火的狀態下攪拌。如果質地太濃稠，可加入一大匙牛奶。

4 將鍋子放回火爐上，邊加熱邊以打蛋器攪拌，直到質地變濃稠，離火。

5 將鍋中的混合物放入一個寬廣的容器中，以利降溫冷卻。

6 融化奶油，並在直徑20公分的舒芙蕾焗烤模具內的四周直立壁面，用糕點刷由下往上，刷上一層奶油。舒芙蕾模具，亦可以多個小型模具取代。

7 烤箱預熱到攝氏200度。

8 將蛋白與鹽打發至鳥嘴狀，打發快結束時，改用高速攪拌，讓蛋白霜質地更細緻。

9 將打發好的蛋白霜，以輕柔的手法，利用橡膠刮刀，拌入起司糊裡面。

10 將舒芙蕾麵糊填入模具，約四分之三的高度。入烤箱烘烤15分鐘，出爐後馬上食用。

小訣竅：使用甜點刷，仔細塗抹烤模的內壁（千萬不能用手指！），模具上緣也別遺漏。均勻的油脂層，有助於舒芙蕾麵糊在烘烤時能變得蓬鬆漂亮。

TARTIFLETTE
法式焗烤起司馬鈴薯

冬季最應景的美食，就是法式焗烤起司馬鈴薯了。在此分享的是我的起司加量版本，
美味又撫慰人心。悄悄告訴大家，其實我也會在夏天享用這道菜。

六人份
準備時間：25 分鐘
烹調時間：45 分鐘

材料
馬鈴薯 1.8 公斤
洋蔥 300 克
大蒜 100 克
豬三層肉 600 克
橄欖油
黑胡椒
鹽
勒布洛雄起司（reblochon）
　900 克
白酒 200 毫升

保存方式
冷藏下可保存三天
亦可冷凍保存

餐酒搭配
Jura 侏羅紅酒

烹調步驟

1　烤箱預熱到攝氏200度。

2　馬鈴薯削皮、洋蔥去皮，將削皮的馬鈴薯放入水中，以避免氧化。

3　洋蔥切成細絲，馬鈴薯切為約1.5至2公分的立方狀。大蒜去皮、去除中間的蒜芽、用刀背壓碎，並粗略地將每瓣蒜瓣切為兩半。

4　豬三層肉切為長約4至5公分，寬約2公分的條狀。

5　在炒鍋內，以大火翻炒洋蔥2至3分鐘但不上色，之後加入切條的豬三層肉。

6　利用翻炒洋蔥與豬三層肉的時間，在另一個平底鍋內，加入橄欖油，並以大火翻炒馬鈴薯、黑胡椒、鹽，持續加熱十幾分鐘後，當馬鈴薯呈現些許金黃色時，加入前一步驟燉鍋內的洋蔥與豬三層肉。在此步驟，如果你的平底鍋太小，無法一口氣進行1.8公斤馬鈴薯的烹煮，請將馬鈴薯分成數份，分為多次進行。

7　將勒布洛雄起司表面的白霉皮刮除，並橫切，分成等高的兩個圓餅狀。保留其中一個圓餅，另一個圓餅，則切成大塊狀。

8　在深鍋中以中火加熱白酒，並加入切成大塊狀的勒布洛雄起司。

9　用大蒜摩擦焗烤模。在焗烤模內，放入一半的炒馬鈴薯與三層肉，再加入一半的白酒煮起司。重複此步驟，最後蓋上第七步驟保留的勒布洛雄起司圓餅。

10　放入烤箱，焗烤20至30分鐘。

CRÈME ANGLAISE

英式蛋奶醬

這是我在餐飲學校最先學到的甜點食譜之一。

如果是好吃的英式蛋奶醬，我甚至可以直接單獨品嚐呢；

當然，搭配本書的布朗尼（p. 304）享用，兩者相輔相成，美味更上一層樓。

四至六人份
準備時間： 5 分鐘
烹調時間： 15 分鐘

材料
蛋黃 5 個
白糖 60 克
牛奶 250 毫升
鮮奶油 250 毫升
（天然香草粉 1 小匙）

保存方式
於密封盒中，冷藏下可保存兩天

烹調步驟

1 在鋼盆中，將蛋黃跟白糖用打蛋器打發至白糖充分溶解且混合物變成淡黃色。

2 在大鍋中，將牛奶、鮮奶油（可依照個人喜好加入香草粉）煮至沸騰，並加入第一步驟打發蛋黃跟白糖的鋼盆中，一邊加入熱的液體時，打蛋器應一邊持續攪拌，直到混合物質地均勻。

3 將鋼盆內的混合物，倒回大鍋中，以小火慢煮，並以木勺不斷攪拌：注意，千萬不能煮至沸騰。當鍋內的氣泡都消失時，英式蛋奶醬就煮好了。放置一邊，冷卻備用。

ÎLE FLOTTANTE
法式漂浮島

在此，分享的是在我父親位於波爾多伊瑟爾大道上，
Chipiron餐廳所提供的法式漂浮島食譜。今天將公開我們家族長久以來的機密配方。

四至六人份
準備時間：25 分鐘
烹調時間：30 分鐘

材料
全蛋 5 顆
白糖 20 克

英式蛋奶醬（ p.254 ）
白糖 60 克
牛奶 250 毫升
鮮奶油 250 毫升
天然香草粉 1 小匙

焦糖醬（ p.266 ）
白糖 80 克
水 30 毫升

保存方式
上桌後立即享用

餐酒搭配
乾身或甜度較低的香檳

烹調步驟

1 分蛋（將蛋黃與蛋白分離）。將蛋白放入鋼盆或電動攪拌機的攪拌缸中

2 使用分出來的5顆蛋黃，製作英式蛋奶醬（步驟參見p. 254）。將製作完成的英式蛋奶醬放入上桌時使用的圓底深盤，冷藏備用。

3 製作焦糖醬（步驟參見p. 266），放入可入烤箱烘烤的器皿底部。

....

上菜當天

4 將蛋白打發。打發快完成時，加入白糖以高速攪拌，使蛋白霜質地更細緻。

5 烤箱預熱到攝氏180度。

6 將滾水倒入一個稍微比放置焦糖醬的器皿更大的深盤裡，進行隔水加熱的準備。

7 將不鏽鋼圓形慕斯圈或大小合適的圓形切模，擺在〈步驟三〉底部有焦糖醬的器皿中，並在其內填入打發的蛋白霜。最後用抹刀或是湯匙的背面，將頂部抹平。完成後，將有焦糖醬的器皿，放入〈步驟六〉放有滾水的深盤裡。入烤箱，以隔水加熱烘烤約6至8分鐘：當看到蛋白霜膨脹為體積快兩倍時，就代表烤好了！

8 將慕斯圈倒置在〈步驟二〉圓底深盤的英式蛋奶醬上，脫模即可。

小訣竅：如果你趕時間，可利用微波爐，將蛋白霜加熱5分鐘（金屬慕斯圈不可放入微波爐）。效果非常棒，你會驚艷所有賓客！

CRÈME PÂTISSIÈRE

卡士達醬

卡士達醬非常美味，適用於許多甜點，
尤其是水果派，完美融合水果的清新和蛋奶的香味。

四人份
準備時間： 10 分鐘
烹調時間： 10 分鐘
靜置時間： 1 小時

材料
蛋黃 5 個
白糖 100 克
麵粉 70 克
牛奶 450 毫升
乳脂肪含量 35 % 的鮮奶油 250
   毫升

保存方式
於密封盒中，冷藏下可保存二至
   三天

烹調步驟

1 在鋼盆中，將蛋黃與白糖以打蛋器充分混合。麵粉過篩後，加入混合蛋黃與白糖的鋼盆中，充分攪拌，直到質地均勻。

2 在深鍋中，加入牛奶和鮮奶油，以中火加熱至沸騰，加入〈步驟一〉含有蛋黃/白糖/麵粉的鋼盆中。加入液體時，打蛋器應在鋼盆內持續攪拌，直到混合物質地均勻。

3 將混合物倒回深鍋中，以中火一邊攪拌，一邊加熱約5分鐘，直到混合物呈現濃稠的質地。入冰箱冷卻至少一小時。

小訣竅： 想要製作不同風味的卡士達醬，可在鮮奶油內浸泡香草莢，或是在食譜中加入巧克力、榛果醬、開心果醬，於最後烹煮的過程中加入即可。

FLAN PÂTISSIER

法式布丁塔

我喜歡內餡夠厚、表面烤色誘人的布丁塔。
依照我的配方，並使用直徑20公分，高度爲4.5公分的塔圈，
你將能在家重現內餡柔軟的布丁塔。

六人份
準備時間：35 分鐘
烹調時間：1 小時
靜置時間：1 小時

材料
軟化奶油 20 克
白糖 50 克

油酥麵團（p.94）
麵粉 200 克
蛋黃 1 個
水 40 毫升
鹽 2 小撮
軟化奶油 100 克

卡士達醬（p.69）
蛋黃 8 個
白糖 100 克
麵粉 70 克
牛奶 700 毫升
鮮奶油 350 毫升
（天然香草粉 1 小匙）

保存方式
於密封盒中，冷藏下可保存兩
　天（不過塔皮可能會有點受
　潮就是了）

飲品搭配
伯爵茶

烹調步驟

1 先製作油酥麵糰（步驟參見p. 94，進行到步驟四即可）。將模具內塗上一層奶油（建議使用直徑20公分，高4.5公分的模具），在奶油層上撒上一層薄薄的白糖，一邊轉動塔圈，使白糖能均勻附著。最後輕輕將過多的白糖拍出，並將塔皮入模，冷藏備用。

2 製作卡士達醬（步驟參見p. 69，但材料請使用本食譜的份量，可依個人喜好，於加熱牛奶跟鮮奶油的步驟中，加入香草粉）。

3 烤箱預熱到攝氏180度。

4 將卡士達醬攪拌，使其質地較柔軟後，倒入放有塔皮的塔模中，高度約爲4.5公分。入烤箱烘烤35至40分鐘，當刀尖刺入卡士達醬中心，取出時無沾黏，即代表烤好了。

小訣竅：為了增添布丁塔的風味，可在步驟2中適度添加一些琥珀蘭姆酒。橙花水也是很好的選擇。

GÂTEAU AU YAOURT
優格蛋糕

防止因優格吃不完而浪費的終極食譜！可充分利用冰箱內所有的優格，
即使不是原味的也能使用（這會為你的蛋糕增添額外的風味）。
作為點心、下午茶、或早餐都非常美味。

六人份

準備時間： 15 分鐘

烹調時間： 25 至 30 分鐘

材料

原味優格 125 克（一個玻璃瓶）

全蛋 4 顆

白糖 250 克（兩個玻璃瓶）

麵粉 375 克（三個玻璃瓶）

泡打粉 8 克

芥花油 2 小匙

奶油 10 克

保存方式

室溫下，可保存兩天

飲品搭配

香檳或類似 Côteaux du Layon 的
微甜白酒

烹調步驟

1　烤箱預熱到攝氏180度。

2　將優格倒入鋼盆中，保留裝優格的玻璃瓶。（在接下來的步驟中，將會利用玻璃瓶進行秤料，一個玻璃瓶，約為125毫升）

3　鋼盆內放入一顆全蛋、白糖、泡打粉，以打蛋器攪拌幾分鐘。

4　加入一個玻璃瓶的麵粉、再加一顆全蛋。充分攪拌，直到麵糊均勻。重複此步驟三次。

5　最後，加入芥花油，攪拌均勻。

6　在蛋糕模具內塗上奶油，將麵糊倒入。入烤箱烘烤25至30分鐘，當刀尖刺入卡士達醬中心，取出時無沾黏，就代表烤好了。

小訣竅： 根據季節不同，我會在優格蛋糕裡加入當季的水果，例如切成小塊的西洋梨。

CHANTILLY (CHOUX)
香堤伊奶油（泡芙）

嗯……提到香堤伊奶油泡芙……記得還是學生時，參加法國CAP職人專業證照考試，
其中一項就是製作奶油泡芙：我決定做成天鵝的形狀，嗯，但我對自己的作品並不滿意！
沒關係，在失敗後，最重要的，是學習如何重新振作，失敗爲成功之母。

十人份

準備時間：40 分鐘

烹調時間：20 至 25 分鐘

靜置時間：1 小時

材料

香堤伊奶油

冰涼的鮮奶油 400 毫升

白糖 10 克

糖粉 70 克

天然香草粉 2 小匙

泡芙麵糊（p.84）

奶油 100 克

牛奶 125 毫升

水 125 毫升

鹽 4 小撮

麵粉 150 克

全蛋 4 顆 + 蛋黃 1 個

保存方式
上桌後立即享用

飲品搭配
乾身不甜的香檳

烹調步驟

1 將鋼盆或電動攪拌機的攪拌缸，放入冷凍庫冷凍15分鐘。

2 製作泡芙麵糊並烘烤（步驟參見p.84）。

3 將冷凍庫內的鋼盆或電動攪拌機的攪拌缸取出，在內部放入冰過的鮮奶油跟白糖，用打蛋器用力攪拌，使白糖充分溶解，鮮奶油光澤明亮。加入20克糖粉跟香草粉，將鮮奶油打發至質地堅挺。

4 將鮮奶油填入裝有齒狀花嘴的裱花袋中。當泡芙完全冷卻後，平切得到蓋子，並在底部絞擠上鮮奶油。將泡芙蓋子蓋回，撒上剩餘的50克糖粉。

　　小訣竅：在步驟3，將刨絲的檸檬皮加入鮮奶油中，將為你的泡芙帶來一股清香。

CRÈMES CARAMEL
焦糖烤布丁

這是我在擔任「MOF法國最佳職人選拔」評審時，其中的一道考題。
不過不用擔心，誰都會做。
你一定也能做出美味的焦糖布丁！

四人份
準備時間： 15 分鐘
烹調時間： 35 分鐘
靜置時間： 25 至 30 分鐘

材料
白糖 180 克
水 30 毫升
全蛋 3 顆
牛奶 500 毫升

保存方式
於密封盒中，冷藏下可保存三天

飲品搭配
乾身的香檳

烹調步驟

1 在小鍋內，以小火將100克的白糖與水加熱，輕輕晃動鍋身，使水與糖均勻受熱。加熱直到呈現焦褐色，之後將焦糖倒入四個布丁烤模中，靜置冷卻。

2 烤箱預熱到攝氏150度。

3 在鋼盆中，將全蛋與剩下的80克白糖以打蛋器充分攪拌。

4 加入牛奶繼續攪拌，並將攪拌均勻的混合物，平均倒入四個布丁烤模中。

5 入烤箱烘烤20至25分鐘，直到布丁呈現能晃動，但中心熟透的狀態。

6 出爐後，以刀子在布丁烤模內劃一圈，將布丁脫模。倒扣在甜點盤上，冷藏保存。

小訣竅： 在烹煮焦糖時，應避免過度攪拌。必要時，輕輕搖晃鍋子，使糖漿平均受熱即可。為了能更加感受到焦糖的風味，在烹煮結束時，我會加入牛奶，做成牛奶焦糖。對味蕾真是絕妙享受！

CRÈME BRÛLÉE

焦糖烤布蕾

我最期待，就是當湯匙敲碎表面酥脆焦糖，並與柔軟內餡混合的那一刻。
堪稱美味的經典！

五人份

準備時間：10 分鐘
烹調時間：1 小時
靜置時間：1 小時

材料
蛋黃 6 個
白糖 75 克
牛奶 50 毫升
鮮奶油 500 毫升
（天然香草粉 ½ 小匙）
棕色沙糖 50 克

保存方式
於密封盒中，冷藏下可保存三天
（焦糖除外）

餐酒搭配
無糖冰紅茶

烹調步驟

1 烤箱預熱到攝氏110度。

2 在鋼盆中，將蛋黃與白糖以打蛋器充分攪拌。

3 一邊持續攪拌，一邊加入牛奶、鮮奶油、香草粉，攪拌至質地均勻。

4 將蛋奶液平均放入烤模中，入烤箱烘烤一小時。

5 出爐後，於冰箱冷藏至少一小時。

上菜當天

6 食用前，在表面撒上棕色砂糖，並使用火焰噴槍將其炙燒爲焦糖。

小訣竅：如果家裡沒有火焰噴槍，可將布蕾冷凍15分鐘，之後撒上棕色砂糖，在烤箱內烘烤幾分鐘，使砂糖焦糖化。

PAIN PERDU

法式吐司

我永遠忘不了祖母親手製作的法式吐司。
搭配法式吐司的，是以上好巧克力爲原料所製成的熱巧克力，
推薦各位在天冷時試試看這個搭配。

二至四人份
準備時間： 10 分鐘
烹調時間： 20 至 25 分鐘
靜置時間： 15 分鐘

材料
蛋黃 2 個
白糖 30 克
鮮奶油 200 毫升
牛奶 20 毫升
麵包 4 片
棕色砂糖 1 大匙
奶油 20 克

保存方式
上桌後立即享用

餐酒搭配
熱巧克力

烹調步驟

1 在鋼盆中，將蛋黃與白糖以打蛋器充分攪拌。

2 一邊攪拌，一邊加入鮮奶油與牛奶。

3 麵包片裁切爲能放入焗烤模具的大小。在焗烤模內放入麵包片，並把蛋黃/鮮奶油/牛奶的蛋奶醬，倒入其中。讓麵包片吸取蛋奶醬15分鐘。

4 烤箱預熱到攝氏170度。

5 將焗烤模放入烤箱，烘烤15至20分鐘。出爐後，放置冷卻。

6 脫模時，以刀子在焗烤模內劃一圈，取出烤好的麵包。

上菜當天

7 在平底鍋內，將奶油融化，並加入棕色砂糖，煮成焦糖。麵包入鍋，將四周裹上焦糖。

小訣竅： 對我而言，最誘人的搭配，就是在烤好的法式吐司上，加上可口的巧克力醬一起享用。

義式奶酪

義式奶酪製作簡單，且可以根據不同的季節與個人喜好進行調整，
一旦掌握了製作基礎，你就能發揮創意，添加自己喜歡的各種配料：
紅色漿果、果醬、柑橘類水果……

五人份

準備時間：15 分鐘

烹調時間：5 分鐘

靜置時間：2 小時

材料

吉利丁片 3 片

有機柳丁 1 個

牛奶 400 毫升

鮮奶油 100 毫升

白糖 30 克

保存方式

於密封盒中，冷藏下可保存三天

餐酒搭配

Gaillac 加雅克甜葡萄酒

烹調步驟

1 將吉利丁片泡在冷水中，軟化後用手拿出，擠乾水分。

2 在深鍋中，加入牛奶、鮮奶油、白糖，以及刨絲的柳丁皮。加熱煮沸。

3 離火後，將軟化的吉利丁片加入鍋裡，並充分攪拌。

4 倒入玻璃甜點杯或是模具中，在冰箱冷藏至少2小時。

上菜當天

5 上桌前，用刀將柳丁皮切除，取出瓣狀果肉。取出果肉時，下方放置容器以收集滴落的汁液。將果肉切為小段狀，與果汁一起放於義式奶酪上。

小訣竅：義式奶酪有無限的可能性！建議依季節使用當季水果，讓你的賓客大寶口福。

RIZ AU LAIT
法式米布丁

第一次參加比賽時，我利用米布丁爲基底，做了水果米布丁。
我和評審們都對此印象深刻。

六人份
準備時間： 15 分鐘
烹調時間： 30 分鐘

材料
圓米 90 克
牛奶 600 毫升
乳脂肪含量 35% 以上的鮮奶油
　400 毫升
天然香草粉 1 小匙
蛋黃 2 個
白糖 90 克

保存方式
於密封盒中，冷藏下可保存三天

餐酒搭配
玄米茶或日本清酒

烹調步驟

1　在篩網內，沖洗圓米。

2　將牛奶、200毫升的鮮奶油、香草粉，於大深鍋內煮至沸騰。

3　加入洗好的米，並以小火煮約20分鐘，期間不斷攪拌，防止牛奶於表面結膜。

4　利用燉煮米的時間，在鋼盆中，以打蛋器充分攪拌蛋黃與白糖。

5　當米煮好時，將鍋內物體倒入含有蛋黃和白糖的鋼盆中。攪拌均勻後，再把混合物倒回鍋中。

6　以小火加熱5分鐘，期間不斷攪拌，直到混合物質地變濃稠。離火冷卻。

7　將剩下的200毫升鮮奶油打發，並用橡皮刮刀，輕輕地混入煮好且冷卻的米布丁中。

8　冷藏保存。

小訣竅： 掌握了米布丁的製作技巧後，一定要試試經典且外型華麗的皇后米布丁（riz à l'impératrice）。只要在此配方中，加入糖漬水果以及吉利丁即可。

FRUITS水果食譜

水果的採買

在此提供的建議和資訊同樣適用於蔬菜，反之亦然（參見p. 119）。如果你還無法明確掌握如何挑選水果和蔬菜，不妨請教蔬果店員代勞。並趁機請教對方挑選蔬果的訣竅，慢慢地，你也會變得和專業蔬果店員一樣嫻熟！現在，讓我們來談談蔬果成熟度與其保存方式。

成熟度

蔬果的成熟程度，會直接影響其口感與質地。我知道，有些祖傳的手法可讓某些蔬果多存放一段時間，但隨著時間的推移，其口感和營養價值還是會降低，對於香料植物而言，影響更大。因此，最好的方式，就是在最佳時機食用。正如〈法則十四〉所提及的，提前規劃飲食菜單有很多好處。當你在夏天經過蔬果攤時，不妨購買些其貨架上正值產季、成熟且美味的番茄，並計劃在當天晚上或隔天趁早享用。而耐放的馬鈴薯或南瓜，則可在一到幾週後再食用。再舉個例子，如果購物時，剛好看到特價即期品，且當天正好計劃下廚，那不妨買些即期品回家，製作奶酥、水果塔、果汁或其他菜餚。老實說，很難準確預測購買回家的未成熟蔬果什麼時候會完全成熟，所以最簡單的辦法，就是經常去採購即將成熟或已成熟的蔬果。

保存方式

冰箱

冰箱非常實用，但必須先瞭解食材放入冰箱後會產生哪些變化，我們才能妥善運用冰箱。冰箱的低溫，會使一切化學反應變緩慢，能將成熟的水果或蔬菜，保存期延長一兩天。然而，當蔬果還未成熟時，冰箱會停止其成熟過程。換句話說，冰箱會抑制蔬果發展完全成熟時的口感，甚至可能使其失去一些風味。這就是為何，我只建議在萬不得已時使用冰箱。

冷凍

冷凍保存水果的好處，是方便我們隨時能取用各種水果，但唯一的缺點（這邊先不探討冰箱的能源消耗）則是家用冰箱在冷凍的過程中，水果內的水分子由液體轉為固態時，會膨脹而破壞水果脆弱的組織。因此，冷凍會改變水果的質地、脆度、有時水果會變得軟軟的（這經常發生在西瓜、哈密瓜、覆盆莓等水果）。因此，冷凍保存的效果，會依水果不同。一般而言，當水果含水量愈高時，冷凍保存後口感的改變也較多。

罐頭

罐頭水果在製程中已經過加熱，可直接食用也可加熱食用。畢竟曾加熱過，故罐裝水果的用途較窄，主要用來在某些食譜中當作配料。

CHARLOTTE AUX POMMES
蘋果夏洛特

這個經典的食譜值得被更多人知道，實際上，我不明白為什麼多數人並不了解這道甜點！
在此期間，就當作是我們之間的秘密吧。

六人份
準備時間：35 分鐘
烹調時間：1 小時

材料
金冠蘋果 1.2 公斤
奶油 210 克
白糖 40 克
肉桂粉 1 小匙
吐司 12 片
麵包粉 40 克

保存方式
於密封盒中，冷藏下可保存三天

餐酒搭配
乾身的優質農家蘋果酒

烹調步驟

1　烤箱預熱到攝氏200度。

2　蘋果削皮、去籽，切成小方塊狀。

3　在燉鍋內，將60公克的奶油與白糖一起融化。加入肉桂粉、蘋果塊，以中火燉煮15至20分鐘，得到蘋果泥。

4　利用燉煮蘋果的時間，將吐司片四周的硬邊去除。將吐司片切為兩半長方形，再將其中幾個長方形依對角線切為兩個三角形（視第七步驟所使用的模具而定）。將吐司麵包硬邊保留。

5　當蘋果泥煮好時，加入麵包粉一起燉煮。

6　將剩餘150克的奶油融化，以甜點刷將奶油刷上麵包片。

7　將切成三角形的麵包片，整齊地放入圓形模具的底部，必須時，可稍微進行修整，使其能完美拼合。側邊，則是排上長方形的麵包片。當麵包片排好後，再加入煮好的蘋果泥，並在果泥上放置第四步驟所保留的麵包邊。

8　輕壓將麵包與果泥密合，入烤箱烘烤45分鐘。

小訣竅：以此配方為基礎，亦可使用西洋梨、香蕉等水果製作。

TARTE TATIN
反轉蘋果塔

卽使是不太喜歡甜食的人，也會愛上這道反轉蘋果塔。
品嚐時，加上一些香堤伊奶油（p. 264），眞是人生一大享受！

六人份
準備時間：40 分鐘
烹調時間：1 小時
靜置時間：1 小時

材料
金冠蘋果 15 個
白糖 100 克
水 50 毫升
軟化奶油 50 克

油酥麵糰（p.94）
麵粉 220 克
蛋黃 1 個
水 40 毫升
鹽 2 小撮
軟化奶油 100 克

保存方式
於密封盒中，冷藏下可保存二至
　三天

餐酒搭配
Poiret 梨子氣泡酒

烹調步驟

1　先製作油酥麵糰（食譜參見p. 94，製作到步驟三卽可）。冷藏靜置一小時。

2　利用靜置麵團的時間，將蘋果削皮、切爲兩半、去除種籽。

3　在可入烤箱烘烤的深鍋內，加入白糖與水，以中火加熱，直到糖漿變成焦糖，呈現琥珀色。

4　將切半的蘋果，直立排入含有焦糖的鍋中，緊緊塞滿鍋底。將奶油切成小塊，平均散佈在蘋果上。以小火燉煮20分鐘，當鍋內蘋果開始軟化，出現空隙時，逐漸加入更多的切半蘋果。

5　烤箱預熱到攝氏200度。

6　在工作檯上撒些麵粉當手粉，將油酥麵糰桿平，得到一個直徑稍爲大於深鍋口徑的麵皮。以叉子在麵皮上戳洞。

7　深鍋離火，將麵皮放入鍋中的蘋果上，麵皮大於鍋緣的部分，稍微向內翻折。入烤箱烘烤25至30分鐘，直到麵皮上色。

8　將燉鍋取出，冷卻後，以盤子倒扣，反轉鍋子與盤子，將蘋果塔脫模至盤子上。

小訣竅：我最喜歡的童年回憶之一，就是與反轉蘋果塔相伴的香草味……要獲得香草香氣，只要在蘋果放入鍋內前加入一個香草豆莢，就能使這道美味甜點的風味昇華。

CRUMBLE AUX POMMES
烤蘋果奶酥

在這邊，我們使用的是蘋果，但亦可隨意搭配不同的水果製作。
趁熱與冰淇淋一起享用：冷熱的搭配能使烤水果奶酥在味蕾上更為突出。

四人份
準備時間：25 分鐘
烹調時間：50 分鐘

材料
蘋果 8 顆
黃檸檬汁 1 顆
奶油 30 克
白糖 20 克

奶酥麵糰
軟化奶油 100 克
麵粉 260 克
白糖 80 克
蛋黃 1 個

保存方式
於密封盒中，冷藏下可保存二至
　三天

飲品搭配
小農直銷的蘋果汁

烹調步驟

1　蘋果削皮、切為兩半、去除種籽。

2　在深鍋內，加入奶油以及白糖，加熱直到糖漿呈現淺焦糖色，期間可輕輕搖晃鍋子，使受熱均勻。

3　加入切半的蘋果，讓表面都沾上焦糖。

4　加入檸檬汁，並蓋上蓋子，燜煮約20分鐘。

5　等待蘋果燜煮的時間，製作奶酥麵糰：將奶油切塊，在鋼盆中，與麵粉、白糖、蛋黃混合。

6　將燉煮好的焦糖蘋果放入焗烤模中，上面撒上捏碎成小塊的奶酥麵糰。

上菜當天

7　烤箱預熱到攝氏200度。

8　將蘋果奶酥入烤箱烘烤約20分鐘，直到表面的奶酥呈現深金黃色。趁熱食用。

小訣竅：可在奶酥麵糰裡加入焦糖杏仁碎，使其口感更好。多嘗試奶酥與不同水果的組合，利用本書附錄內的當季水果月曆，能帶給你更多靈感。

法式炸蘋果甜甜圈

現在已經很少人會在家自製炸蘋果甜甜圈了！
強力建議你試試這個食譜，品嚐現炸甜甜圈的誘人滋味。
別忘了，還可使用西洋梨、香蕉、杏桃等其他水果⋯⋯無論哪種，都很美味！

兩人份

準備時間：25 分鐘
烹調時間：15 分鐘

材料
青蘋果 4 個
油炸用油 700 毫升
細糖粉 2 至 3 大匙

法式油炸麵糊（p.98）
全蛋 2 顆
白糖 20 克
麵粉 200 克
啤酒 150 毫升
牛奶 150 毫升

保存方式
上桌後立即享用

飲品搭配
糖分較低的檸檬水

烹調步驟

1 製作法式油炸麵糊（步驟參見p. 98，但材料請使用本食譜的份量）。

上菜當天

2 將蘋果削皮、切成四個圓片、去除種籽。

3 將油炸鍋加熱到攝氏180度。

4 依序將蘋果圓片沾上油炸麵糊，並放入油炸鍋中。（當炸鍋滿時，就先停止放入蘋果）

5 當蘋果甜甜圈呈現深金黃色時，用撈杓取出瀝乾，放置在廚房紙巾上。撒上糖粉。

6 將剩下的蘋果圓，以同樣的方式油炸。

7 趁熱食用。

小訣竅：可在油炸麵糊裡加入肉桂，美味真是一大享受！

TARTE BOURDALOUE
法式洋梨塔

又稱爲洋梨杏仁奶油塔（tarte amandine）。
這是我在參加法國最佳甜點師比賽時的考題之一：
將誘人的塔皮、杏仁餡，與水果完美地結合在一起。

六人份

準備時間：1 小時
烹調時間：50 分鐘
靜置時間：1 小時

材料
黃檸檬 ½ 顆
白糖 180 克
水 700 毫升
西洋梨 4 個
軟化奶油 20 克
杏仁片（可依喜好添加）

油酥麵糰（p.94）
麵粉 200 克
蛋黃 1 個
水 40 毫升
鹽 2 小撮
軟化奶油 100 克

杏仁奶油餡
軟化奶油 100 克
白糖 100 克
杏仁粉 150 克
全蛋 2 顆
麵粉 30 克

保存方式
可保存兩天

餐酒搭配
Poiret 梨子氣泡酒

烹調步驟

1 先製作油酥麵糰，直到步驟4（步驟參見p. 94）。將塔模內塗上一層奶油，在奶油層上撒上約30克，一層薄薄的白糖，一邊轉動塔圈，使白糖能均勻附著。輕輕將過多的白糖拍出，並將塔皮入模，冷藏備用。

2 在大深鍋中，加入檸檬汁、刨絲的檸檬皮、150克的白糖、水，煮至沸騰形成糖漿。

3 將西洋梨削皮，切成兩半，去除種籽，在糖漿中以中火烹煮約15分鐘，直到西洋梨質地變軟。

4 製作杏仁奶油醬。軟化奶油切塊，在鋼盆中與白糖、杏仁粉一起攪拌。一顆顆依序加入全蛋攪拌，最後加入麵粉攪拌均勻。

5 將水煮西洋梨取出，瀝乾糖漿。

6 烤箱預熱到攝氏190度。

7 將杏仁奶油餡填入塔底，並以放射狀放上西洋梨。可依個人喜好，在上面撒上杏仁片。

8 入烤箱烘烤約30分鐘。

小訣竅：我個人很喜歡香料，所以在製作洋梨塔時，會在杏仁奶油餡裡面加入肉桂粉。這個配方，亦可用來搭配奇異果、杏桃、草莓等水果。

SOUFFLÉ À L'ORANGE
柳橙舒芙蕾

製作舒芙蕾的技術性較高，故較少在餐桌上尋其芳蹤。

當舒芙蕾剛出爐，冒著熱氣高挺挺時，趕緊上桌，一定會讓你的賓客留下深刻印象。

六至八人份

準備時間：30 分鐘

烹調時間：30 分鐘

靜置時間：1 小時

材料

奶油 10 克

全蛋 6 顆

有機柳橙 1 個

玉米粉 10 克

白糖 40 克

卡士達醬（p.258）

蛋黃 2 個

白糖 50 克

麵粉 35 克

牛奶 230 毫升

鮮奶油 120 毫升

保存方式

上桌後立即享用

餐酒搭配

香檳

烹調步驟

1 柳橙皮刨絲後，擠出柳橙汁。放置一旁備用。

2 分蛋，將全蛋分爲蛋白與蛋黃，並保留兩個蛋黃。其他的四個蛋黃，放入冰箱，可用於製作其他食譜（例如p. 86的新鮮義大利麵團）。將六個蛋白放入鋼盆或電動攪拌機的攪拌缸中，冷藏備用。

3 製作卡士達醬（步驟參見p. 258，但材料請使用本食譜的份量）。製作完成後倒入鋼盆，以保鮮膜平貼表面，放入冰箱冷卻至少一小時。

4 在鍋中，一邊用打蛋器攪拌，一邊加熱，之後加入玉米粉、柳橙汁、刨絲柳橙皮。持續攪拌，並加熱約五分鐘。之後放置鋼盆冷卻。

5 將奶油融化，在6至8個舒芙蕾模具中，使用甜點刷，刷上奶油。等奶油層凝固後，再刷上一層，重複此步驟，每個模具都刷上三層奶油。將刷好奶油的模具放入冰箱冷藏。

6 烤箱預熱到攝氏180度，關閉炫風。

7 將蛋白與白糖打發，直到質地細膩且硬挺。

8 先將一大湯匙的蛋白霜與柳橙奶醬，以打蛋器充分攪拌，使奶醬變軟。之後再輕柔地將剩下的蛋白霜與柳橙奶醬混拌均勻。

9 將舒芙蕾麵糊入模，以烤箱烘烤約12至15分鐘，期間不可打開烤箱門。

小訣竅：在烤好的舒芙蕾上，放置一個梭形冰淇淋，就如同身在專業餐廳裡了。

法式火焰橙香可麗餅

如果我生為可麗餅,那我希望被製作成火焰橙香口味!
我知道這有點老派,但火焰橙香可麗餅,是我心中最美味的可麗餅烹調方式。

四至六人份

準備時間：20 分鐘

烹調時間：30 分鐘

靜置時間：1 小時

材料

芥花油 40 毫升

白糖 30 克

柳橙汁 100 克

奶油 50 克

橙香酒 50 毫升

有機柳橙 1 顆

可麗餅麵糊（p.96）

奶油 20 克

全蛋 2 顆

麵粉 125 克

白糖 20 克

牛奶 300 毫升

橙花水 1 大匙（亦可使用蘭姆酒、
　　Grand Marnier 橙酒）

保存方式

可麗餅麵糊於密封盒中,冷藏下
　　可保存兩天

煎好的可麗餅,可保存兩天

餐酒搭配

乾身香檳

烹調步驟

1 先準備可麗餅麵糊（步驟參見p. 96）。製作完成後,靜置至少一小時。

2 在煎可麗餅的平底鍋上,以餐巾紙塗上薄薄的一層油。以大火煎可麗餅,直到用完所有的可麗餅麵糊,每煎完一片可麗餅,就將其對折再對折,折成四分之一,並擺在盤子上。

上菜當天

3 在平底鍋內,以小火加熱白糖,得到琥珀色的焦糖。加入柳橙汁、奶油,繼續加熱濃縮,得到質地介於糖漿與焦糖之間的柳橙焦糖醬。

4 將折疊好的可麗餅放入鍋中,每塊相鄰。如果使用蘭姆酒或橙酒,倒入鍋中並點火炙燒。以小火,加入柳橙焦糖醬,以湯匙將醬汁均勻分散於可麗餅上。

5 將刨絲的柳橙,撒上可麗餅,趁熱食用。

　　小訣竅：在折疊可麗餅時,包入橘子醬,將會更美味。

蛋白霜檸檬塔

法國最受歡迎的甜點之一，完美展現酸味與甜味的絕妙平衡。但還不僅如此！
蛋白霜檸檬塔融合了不同的質地與口感，堪稱法式甜點之王。

四至六人份

準備時間： 30 分鐘

烹調時間： 30 至 35 分鐘

靜置時間： 1 小時

材料
奶油 20 克
白糖 50 克

油酥麵糰（p.94）
麵粉 200 克
蛋黃 1 個
水 40 毫升
鹽 2 小撮
軟化奶油 100 克

檸檬奶油餡
檸檬汁 250 克
白糖 250 克
全蛋 10 顆
玉米粉 25 克
奶油 100 克

蛋白霜（p.100）
大顆全蛋 3 顆
白糖 150 克

保存方式
於密封盒中，冷藏下可保存兩天
（隔天食用，味道更佳）

餐酒搭配
帶有甜味的 Sauternes 貴腐甜白
　酒

烹調步驟

1 先製作油酥麵糰，直到步驟4（步驟參見p. 94）。將直徑20公分，高4.5公分的模具內塗上一層奶油，在奶油層上撒上一層薄薄的白糖，一邊轉動塔圈，使白糖能均勻附著。輕輕將過多的白糖拍出。將塔皮入模，靜置鬆弛後，入攝氏180度的烤箱盲烤（參見p. 94步驟五與六）。

2 在鋼盆裡，以打蛋器攪拌10顆全蛋和250克白糖，當白糖充分融化後，加入玉米粉。

3 製作檸檬奶油餡，將檸檬汁在深鍋內以大火煮沸後，淋入前一步驟的鋼盆中，充分攪拌後，再倒回鍋子中，以小火邊加熱邊攪拌約5至6分鐘，直到質地變稠。離火後加入奶油，並攪拌至奶油充分融化。放置冰箱冷藏備用。

4 當塔皮烤好後，將檸檬奶油餡倒入塔皮裡，如表面不平整，可以橡皮刮刀刮平。

上菜當天

5 製作法式蛋白霜（步驟參見p. 100）。

6 將蛋白霜填入裝有花嘴的裱花袋中，在檸檬奶油餡上擠花。之後以噴槍將蛋白霜上色即可。

小訣竅：如果你不喜歡檸檬，可用其他柑橘類來代替。

PAVLOVA AUX FRAISES

草莓帕芙洛娃蛋白餅

是享受樂趣並展現創意的時候了！

將烘烤過的蛋白霜作為畫布，利用新鮮當季水果，發揮藝術天份，進行精緻的擺盤。

四人份

準備時間：30 分鐘

烹調時間：4 小時

靜置時間：30 分鐘

材料

蛋白霜（p.100）

大顆全蛋 3 顆

白糖 150 克

生切草莓與草莓果泥

黃檸檬 1 顆

草莓 500 克

白糖 2 大匙

香堤伊奶油（p.264）

乳脂肪含量 35% 以上，冰冷的
　鮮奶油 300 毫升

糖粉 30 克

保存方式

上桌後立即享用

餐酒搭配

如同其他紅莓類甜點，粉紅香檳
　是最好的選擇

烹調步驟

1 烤箱預熱到攝氏90度。製作法式蛋白霜（步驟參見p. 100，進行到步驟二即停止）。將蛋白霜填入裝有大型花嘴的裱花袋中，在鋪有烘焙矽膠墊或烘焙紙的烤盤上，螺旋擠上四個大圓餅。剩下的蛋白霜，於烘焙矽膠墊或烘焙紙上抹平，之後做裝飾用。

2 入烤箱烘乾4小時，並將出爐的蛋白餅，放在烤架上冷卻。

上菜當天

3 將檸檬擠出汁，放一旁備用。將一半份量的草莓切成小立方狀，並與一半份量的白糖、一半份量的檸檬汁混合。

4 將剩下的另一半草莓、檸檬汁、白糖，以食物調理機均質成草莓果泥。

5 製作香堤伊奶油（步驟參見p. 264）。

6 當蛋白餅充分冷卻時，在圓餅狀蛋白餅上，放上香堤伊奶油、草莓小立方塊、草莓果泥，最後將乾燥抹平的蛋白霜折碎為適當的大小，依照個人的美感，裝飾於頂部。

小訣竅：可依照季節，使用當季的白桃等水果，來製作不同口味的帕芙洛娃蛋白餅。

焗烤水果沙巴雍

千萬不要丟掉那些稍微受損的水果！
這個實用的食譜，讓你在烘焙美味甜點的同時，不浪費任何食材。

四人份
準備時間：25 分鐘
烹調時間：10 分鐘

材料
水果 400 克（草莓、黑莓、覆盆
　莓等）
薄荷 2 支
奶油 35 克
白糖 1 大匙
鮮奶油 100 毫升
蛋黃 2 個
果汁 50 毫升

保存方式
冷藏下可保存兩天

餐酒搭配
Jurançon 甜白酒

烹調步驟

1　將水果粗略的切成塊。

2　薄荷去梗，將葉片切成細末。

3　以大火融化奶油，加入白糖和所有的水果，快速翻炒一下。

4　加入薄荷細末，放置一旁備用。

5　以電動攪拌器將鮮奶油打發，冷藏保存。

6　在深鍋內，以打蛋器充分混合蛋黃和果汁，以小火加熱，期間不停攪拌，直到質地有如沙巴雍般濃稠。當攪拌時，能在鍋底看到打蛋器移動過的痕跡，就代表煮好了。

7　將沙巴雍放入鋼盆中，使用橡膠刮刀，手法輕柔地將其與第五步驟的打發鮮奶油，混合。

8　在四個焗烤模內，均勻擺上煮過的水果，之後淋上鮮奶油沙巴雍。

．．．

上菜當天

9　將烤箱加熱到240度（焗烤模式）。

10　入烤箱烘烤4至5分鐘，使表面上色。

小訣竅：請發揮創意，將水果置換成蔬菜，果汁換成蔬菜汁，那將可以當作前菜使用！

法式烤水果布丁

這款家常甜點，可每天製作、份量可大可小，且總是讓人食指大動。
使用的水果，如果帶有果仁，也能爲品嚐時增添樂趣；
當然，亦可選擇在製作時，就先將水果的果仁去除。
這會讓你的烤水果布丁更方便食用，避免有人誤食果仁而傷到牙齒！
櫻桃、杏桃等帶有果仁的水果富含果膠，將會爲你的烤水果布丁帶來更佳的口感。

六人份

準備時間：15 分鐘

烹調時間：25 分鐘

材料

奶油 100 克

牛奶 500 毫升

全蛋 2 顆

蛋黃 4 個

白糖 125 克

麵粉 75 克

櫻桃、杏桃、黑棗、無花果乾或
　帶果仁的椰棗 300 至 400 克

保存方式

冷藏下可保存兩天

餐酒搭配

波特酒

烹調步驟

1 將75克奶油切塊，在小鍋內以中火融化，持續加熱直到其顏色轉變爲榛果色。

2 在另一個鍋內，將牛奶煮至沸騰。

3 利用煮沸牛奶的時間，在鋼盆內，以打蛋器將全蛋、蛋黃、白糖充分攪拌。加入麵粉，再次攪拌均勻。

4 一邊持續攪拌，一邊加入第一步驟的榛果奶油，以及第二步驟的沸騰牛奶，攪拌至混合物質地均勻，表面平滑。

5 烤箱預熱到攝氏180度。

6 利用剩下的25克奶油，將模具塗上一層薄膜。

7 將水果均勻擺入烤模底部，再淋上蛋奶混合物。

8 入烤箱烘烤15至20分鐘。

小訣竅：當刀尖刺入，拔起時無任何沾黏物，就代表烤好了！趁熱享用吧。

CHOCOLAT巧克力食譜

黑巧克力的選購指南

黑巧克力由可可豆提取出的可可膏和可可脂，外加糖所製成。如果在黑巧克力的包裝上，看到成份表含有可可脂以外的油脂、人工香料，那嚴格而言，按照法國法規，就不能以「黑巧克力」為名販售。

不同種類的巧克力

調溫用巧克力

這是專業人士，例如甜點師或巧克力師所使用的巧克力，可用於裝飾、翻模或製作包覆型巧克力糖果。通常在網路上的專門商店會比在一般超市更容易取得。必須含有30%以上的可可脂，其融點較低、流動性較佳，且調溫後充滿光澤。亦非常適合用來製作慕斯、奶餡、甘納許、冰淇淋、冰沙……等。

甜點用巧克力

又稱為家用巧克力，也就是一般超市販售的巧克力，價格較便宜。即使被標稱為「甜點用巧克力」，但其實並不適用於製作甘納許、慕斯、淋面或製作包覆型巧克力糖果等專業操作，因為其含有的可可脂含量不夠。市面上，充斥著許多不同品質的產品。

可可固形物百分比

許多人認為可可固形物百分比愈高，巧克力的品質就愈好。但事實並非如此。可可固形物的百分比，僅能代表產品中，可可豆來源成分的含量（也就是可可膏與可可脂）。以黑巧克力為例，通過減法，可可固形物以外的百分比，就是黑巧克力所含有的糖量。因此，我們只能得知，可可固形物為70%的黑巧克力比可可固形物為80%的巧克力含有更多糖，僅此而已。

巧克力的品質

巧克力的品質取決於可可豆原料的品質及生產商的加工技術。單憑可可固形物含量來推斷巧克力的品質，就像以酒精濃度來評價葡萄酒，並非是正確的評價方式。

品評葡萄酒時，我們會談論特定產區、釀酒批次和混釀工藝，巧克力亦是如此。此外，就像葡萄酒一樣，優質巧克力會展現出果香、花香或木質調等風味，我們可利用這些風味特性，搭配不同的菜餚。

產地

全球可可豆的生產，幾乎都來自貧困國家，當地的工作條件和工資都不盡理想。因此，應優先選用公平貿易的產品，使當地生產者能擁有較理想的工資、禁止使用童工、並推廣更環保永續的種植方式。

標籤

Fairtrade公平貿易、B Corp認證、農民生產者標誌、有機公平貿易、Écocert公平貿易、Oxfam標誌。

計畫：Cacao-Trace可可追朔計畫、Cocoa Horizon可可地平線聯盟

COOKIES
巧克力豆餅乾

非常適合點心時間享用，可利用不同的堅果、椰子粉、刨絲的柳橙皮⋯⋯等，做出各式口味，發揮創意的時刻來了！在這裡，我們將製作經典食譜，讓你掌握基礎技巧。

六人份

準備時間： 10 分鐘
靜置時間： 30 分鐘
烹調時間： 10 至 12 分鐘

材料

軟化奶油 100 克
棕色砂糖 130 克
全蛋 1 顆
麵粉 225 克
泡打粉 5 克
巧克力豆 100 克

保存方式

室溫下，可保存二至三天

飲品搭配

加入蜂蜜的熱牛奶

烹調步驟

1　烤箱預熱到攝氏180度。

2　在鋼盆中，以打蛋器攪拌軟化的奶油（如果奶油太硬，可稍微加熱）和棕色砂糖後，再加入全蛋繼續攪拌。

3　加入麵粉、泡打粉、巧克力豆，攪拌均勻。

4　將麵團整形成直徑約4至4.5公分，長20公分的長條型。

5　冷藏靜置30分鐘。

6　將麵團分切成40至50克的圓片

7　以攝氏180度，烘烤10至12分鐘，直到表面呈現金黃色。出爐後放置在烤架上冷卻。

小訣竅：愛好美食的你，不妨將巧克力醬夾在兩片餅乾中食用。

巧克力布朗尼

為了慶祝生日等特別場合，沒有什麼甜點比能讓大家一起分享的布朗尼更合適了。
此外，隔天早餐時享用，一樣美味。

六人份

準備時間：30 分鐘

烹調時間：35 分鐘

材料

可可含量為 52% 的黑巧克力
　250 克

奶油 140 克

花生粒 120 克（或其他的堅果）

全蛋 4 顆

白糖 100 克

麵粉 60 克

無糖可可粉 20 克

保存方式

室溫陰涼處可放置 4 至 5 天
亦可冷凍保存

飲品搭配

熱咖啡

烹調步驟

1　烤箱預熱到攝氏180度。

2　巧克力切碎，120克的奶油切塊，一同放入鋼盆中。將鋼盆放入裝有溫熱水的深鍋上，隔水加熱。

3　如果使用的花生粒或其他堅果，是還沒烤焙過的，將花生粒或堅果平鋪在烤盤上，在烤箱內烘烤10分鐘。將烘烤上色的花生粒或堅果取出後，將烤箱溫度調升至攝氏200度。

4　在乾淨的鋼盆內，以打蛋器將全蛋與白糖充分攪拌，直到白糖完全溶解。加入麵粉跟無糖可可粉，繼續攪拌，直到麵糊質地均勻。

5　將隔水加熱鋼盆內融化的巧克力與奶油攪拌均勻後，加入前一步驟的麵糊中，繼續攪拌，並加入花生粒或是堅果。

上菜當天

6　使用剩下的20克奶油，以甜點刷塗抹烤模，將布朗尼麵糊填入烤模中，麵糊高度至少要有4公分高。入預熱至攝氏200度的的烤箱，烘烤15至20分鐘。

小訣竅：亦可將花生置換為核桃、胡桃、腰果、榛果、杏仁、開心果……製作出不同口味的布朗尼。在上桌前，可撒上少許糖粉，讓外觀更誘人。

MOUSSE AU CHOCOLAT
巧克力慕斯

巧克力慕斯喚起了大家的童年回憶。何不孩子氣一點，趁著四下無人時，
直接品嚐剛攪拌好，還在鋼盆內的巧克力慕斯，好好感受其濃密的質地！

六人份
準備時間： 30 分鐘
靜置時間： 1 小時

材料
可可含量為 52% 的黑巧克力
　200 克
奶油 100 克
全蛋 8 顆
白糖 40 克

保存方式
冷藏下可保存三天

餐酒搭配
Maury 或 Mas Amiel 甜葡萄酒

烹調步驟

1 巧克力切碎、奶油切塊，一同放入鋼盆中。將鋼盆放在含有溫熱水的深鍋上，隔水加熱。

2 利用隔水加熱的時間，分蛋，將全蛋分為蛋黃與蛋白。在此食譜中，我們需要四個蛋黃，另外的四個蛋黃，可以冷藏保存，用於製作其他食譜（例如p. 270的法式吐司）。

3 在乾淨的鋼盆內，以打蛋器將四個蛋黃與20克白糖充分攪拌，直到白糖完全溶解。

4 在鋼盆或電動攪拌機的攪拌缸中，放入八個蛋白，打發蛋白。當蛋白快打發好時，加入20克白糖，以高速攪拌，讓蛋白質地更細緻。

5 將隔水加熱的巧克力與奶油攪拌均勻後，加入蛋黃與白糖的混合物中，加入時，持續用打蛋器攪拌，直到混合均勻。

6 加入三分之一的蛋白霜，以打蛋器攪拌。剩下的蛋白霜，則以橡皮刮刀，手勢輕柔地與巧克力糊混合均勻。

7 將巧克力慕斯放入六個玻璃器皿內，冷藏靜置至少一小時。冷藏的愈久，慕斯的質地就愈硬。

小訣竅： 謹記，當將蛋白霜加入巧克力麵糊時，手法愈輕柔，慕斯的口感也會愈輕盈。

Index et calendriers de saison

索引與食材產季月曆

現在，你已探索完一百多道烹飪起來輕鬆無負擔，且經濟實惠的家常必備食譜。爲了讓你能依照不同季節，選用當令的食材下廚，在此提供食材索引及蔬果產季月曆。例如，在製作烤蘋果奶酥時，可使用其他水果（西洋梨、杏桃、覆盆子、李子……）來代替蘋果，只要發揮創意，就有無窮的可能性！

掌握好本書食譜內的技巧後，發揮想像力，因地制宜，嘗試新的組合，能讓你在廚房中如虎添翼，何樂而不爲呢？

現在你已準備就緒，希望藉由運用本書法則和食譜，能讓你享受下廚，成爲廚房的主人。

INDEX
食材索引

A

Agneau 小羔羊
香料果乾小羔羊 ———— 224
燴小羔羊 ———— 222

B

Bière 啤酒
法式炸蘋果甜甜圈 ———— 284
炸魚薯條 ———— 172
法式油炸麵糊 ———— 98
天婦羅麵糊 ———— 88

Bœuf 牛肉
勃艮第紅酒燉牛肉 ———— 238
牛高湯 ———— 228
薯泥焗牛肉 ———— 240
鄉村蔬菜燉牛肉 ———— 236
波隆那肉醬麵 ———— 242

C

Cabillaud 鱈魚
焗烤鱈魚馬鈴薯泥 ———— 174
魚肉凍 ———— 162

Canard 鴨肉
法式燉白豆 ———— 116
鴨心佐馬鈴薯 ———— 194

**Chocolat et cacao en poudre
巧克力與可可粉**
巧克力布朗尼 ———— 304
巧克力豆餅乾 ———— 302
巧克力慕斯 ———— 306

**Concentré de tomates
濃縮番茄糊**
牛高湯 ———— 228
燴小羔羊 ———— 222
巴斯克燉雞 ———— 190
獨門香料香腸 ———— 214
魚湯 ———— 164
香烤豬肋排 ———— 216

Coques 貝類
香蒜蛤蜊義大利麵 ———— 178

Crème épaisse 法式濃稠酸奶油
油漬馬鈴薯鯡魚 ———— 166

Crème liquide 鮮奶油
法式白醬燉小牛肉 ———— 230
香堤伊奶油（泡芙）———— 264
英式蛋奶醬 ———— 254
焦糖烤布蕾 ———— 268
卡士達醬 ———— 258
魚菲力佐白酒醬汁 ———— 176
法式蔬菜鹹派 ———— 136
法式布丁塔 ———— 260
法式鮮奶油焗烤馬鈴薯 ———— 148
焗烤水果沙巴雍 ———— 296
法式漂浮島 ———— 256
魚肉凍 ———— 162
法式吐司 ———— 270
義式奶酪 ———— 272

草莓帕芙洛娃蛋白餅 ———— 294
法式洛林鹹派 ———— 208
蘑菇義式麵餃 ———— 134
法式米布丁 ———— 274
芥末醬小牛腎 ———— 234
藍乳酪醬汁 ———— 72
胡椒醬汁 ———— 73
芥末醬汁 ———— 74
絲滑醬汁 ———— 75
白酒醬汁 ———— 77
海鮮醬汁 ———— 79
柳橙舒芙蕾 ———— 288
起司舒芙蕾 ———— 250
蔬菜濃湯 ———— 130

F

Filet de poisson 魚柳
魚菲力佐白酒醬汁 ———— 176
炸魚薯條 ———— 172
油漬馬鈴薯鯡魚 ———— 166
醃漬鯖魚 ———— 170

Fromage 起司
藍帶雞排 ———— 188
義式麵疙瘩-玉棋 ———— 150
法式起司鹹泡芙 ———— 248
法國苦苣焗烤火腿 ———— 142
蔬菜千層麵 ———— 144
佛羅倫薩菠菜溏心蛋 ———— 198
卡波那拉蛋黃培根義大利麵 ———— 210
青醬 ———— 66
法式洛林鹹派 ———— 208
義大利燉飯 ———— 112

藍乳酪醬汁————72
起司舒芙蕾————250
法式洋蔥湯————128
波隆那肉醬麵————242
法式焗烤起司馬鈴薯————252

Fruits secs 果乾與堅果
香料果乾小羔羊————224
巧克力布朗尼————304
法式烤水果布丁————298
蔬菜北非小米飯————146

G

Gélatine 吉利丁
義式奶酪————272

Grand Marnier 橙香酒
法式火焰橙香可麗餅————290
可麗餅麵糊————96

H-J

Haricot tarbais 塔布白腰豆
法式燉白豆————116
白腰豆沙拉————110

Jambon blanc 火腿
藍帶雞排————188
法國苦苣焗烤火腿————142

Jarret de porc demi-sel 半鹽漬豬後腿肉
法式蔬菜燉肉————218

L

Lait 牛奶
法式白醬————69
法式炸蘋果甜甜圈————284
焗烤鱈魚馬鈴薯泥————174
香堤伊奶油（泡芙）————264
法式烤水果布丁————298
英式蛋奶醬————254
焦糖烤布蕾————268
卡士達醬————258
焦糖烤布丁————266
法式火焰橙香可麗餅————290
法式蔬菜鹹派————136
法式布丁塔————260
法式起司鹹泡芙————248
法式鮮奶油焗烤馬鈴薯————148
法國苦苣焗烤火腿————142
薯泥焗牛肉————240
法式漂浮島————256
蔬菜千層麵————144
佛羅倫薩菠菜溏心蛋————198
法式吐司————270
義式奶酪————272
法式油炸麵糊————98
漢堡麵包————90
泡芙麵糊————84
可麗餅麵糊————96
披薩麵團————92
馬鈴薯泥————156

法式洛林鹹派————208
法式米布丁————274
柳橙舒芙蕾————288
起司舒芙蕾————250

Lard fumé 煙燻三層肉
紅酒醬汁水波蛋————200
卡波那拉蛋黃培根義大利麵————210
法式小扁豆湯————106
法式洛林鹹派————208
獨門香料香腸————214
白腰豆沙拉————110

Lentilles vertes 綠小扁豆
法式小扁豆湯————106
綠小扁豆沙拉————108

Levure(chimique et fraîche) 酵母（速發酵母與麵包酵母）
巧克力豆餅乾————302
漢堡麵包————90
披薩麵團————92
優格蛋糕————262

M

Maquereau 鯖魚
醃漬鯖魚————170

Mascarpone 馬斯卡彭起司
義大利燉飯————112

Miel 蜂蜜
香烤豬肋排 216

Moules 淡菜
白酒淡菜 180

Moutarde (à l'ancienne et de Dijon)
芥末醬（芥末籽醬與第戎芥末醬）
什錦蔬菜沙拉 124
美乃滋 67
魔鬼蛋 196
甜蒜佐法式油醋汁 122
芹菜根沙拉 126
芥末醬小牛腎 234
芥末醬汁 74
塔塔醬 71
香烤豬肋排 216
法式油醋汁 68

O

Œuf (blanc) 蛋白
法式蛋白霜 100

Œuf (entier) 全蛋
法式炸蘋果甜甜圈 284
巧克力布朗尼 304
香堤伊奶油（泡芙） 264
法式烤水果布丁 298
藍帶雞排 188
焦糖烤布丁 266
法式火焰橙香可麗餅 290

法式蔬菜鹹派 136
優格蛋糕 262
法式起司鹹泡芙 248
法式漂浮島 256
巧克力慕斯 306
魔鬼蛋 196
佛羅倫薩菠菜溏心蛋 198
紅酒醬汁水波蛋 200
蘑菇蛋捲 204
魚肉凍 162
法式油炸麵糊 98
泡芙麵糊 84
可麗餅麵糊 96
卡波那拉蛋黃培根義大利麵 210
草莓帕芙洛娃蛋白餅 294
法式洛林鹹派 208
柳橙舒芙蕾 288
起司舒芙蕾 250
波隆那肉醬麵 242
蛋白霜檸檬塔 292
法式洋梨塔 286
西班牙馬鈴薯烘蛋 202

Œuf (jaune) 蛋黃
英式蛋奶醬 254
焦糖烤布蕾 268
卡士達醬 258
烤蘋果奶酥 282
炸魚薯條 172
法式布丁塔 260
義式麵疙瘩-玉棋 150
焗烤水果沙巴雍 296
蔬菜千層麵 144
什錦蔬菜沙拉 124
美乃滋 67
魔鬼蛋 196

法式吐司 270
天婦羅麵糊 88
漢堡麵包 90
泡芙麵糊 84
新鮮義大利麵麵團 86
油酥麵團 94
卡波那拉蛋黃培根義大利麵 210
法式洛林鹹派 208
蘑菇義式麵餃 134
芹菜根沙拉 126
法式米布丁 274
柳橙舒芙蕾 288
香蒜蛤蜊義大利麵 178
蛋白霜檸檬塔 292
法式洋梨塔 286
反轉蘋果塔 280

Olive 橄欖
尼斯沙拉 168
黃檸檬燉雞 192

Os à moelle 牛骨髓
鄉村蔬菜燉牛肉 236

P

Pain, pain de mie et chapelure
麵包、吐司、麵包粉
焗烤鱈魚馬鈴薯泥 174
蘋果夏洛特 278
藍帶雞排 188
薯泥焗牛肉 240
法式吐司 270

法式小扁豆湯 106
法式洋蔥湯 128
波隆那肉醬麵 242

Piment 辣椒
焗烤鱈魚馬鈴薯泥 174
魚菲力佐白酒醬汁 176
法式蔬菜鹹派 136
義式麵疙瘩-玉棋 150
油漬馬鈴薯鯡魚 166
醃漬鯖魚 170
魚肉凍 162
青醬 66
香煎馬鈴薯絲餅 152
巴斯克燉雞 190
法式普羅旺斯燉菜 132
白酒醬汁 77
紅酒醬汁 76
荷蘭醬汁 78
芥末醬汁 74
藍乳酪醬汁 72
絲滑醬汁 75
魚湯 164
中東塔布勒沙拉 104
法式烤蕃茄鑲肉 212
西班牙馬鈴薯烘蛋 202
香烤豬肋排 216
蔬菜濃湯 130

R

Riz (long et rond) 長米與圓米
義大利燉飯 112

法式米布丁 274
香料飯 114

S

Saucisse et chair à saucisse 香腸與香腸餡
法式燉白豆 116
法式蔬菜燉肉 218
獨門香料香腸 214
法式烤蕃茄鑲肉 212

Semoule de couscous 北非小米
蔬菜北非小米飯 146
中東塔布勒沙拉 104

Sucre en poudre, cassonade et sucre glace 白糖、棕色砂糖、糖粉
法式炸蘋果甜甜圈 284
勃艮第紅酒燉牛肉 238
巧克力布朗尼 304
蘋果夏洛特 278
香堤伊奶油（泡芙） 264
法式烤水果布丁 298
巧克力豆餅乾 302
英式蛋奶醬 254
焦糖烤布蕾 268
卡士達醬 258
焦糖烤布丁 266
法式火焰橙香可麗餅 290
烤蘋果奶酥 282
法式布丁塔 260
優格蛋糕 262

法國苦苣焗烤火腿 142
焗烤水果沙巴雍 296
法式漂浮島 256
法式蛋白霜 100
巧克力慕斯 306
燴小羔羊 222
紅酒醬汁水波蛋 200
法式吐司 270
義式奶酪 272
法式油炸麵糊 98
可麗餅麵糊 96
草莓帕芙洛娃蛋白餅 294
法式米布丁 274
柳橙舒芙蕾 288
蛋白霜檸檬塔 292
法式洋梨塔 286
反轉蘋果塔 280
馬倫戈燉小牛肉 232

T

Thon 鮪魚
尼斯沙拉 168

Travers de porc 豬肋排
香烤豬肋排 216

V

Veau 小羔羊
法式白醬燉小牛肉 230

芥末醬小牛腎⋯⋯⋯⋯⋯234
法式烤蕃茄鑲肉⋯⋯⋯⋯212
馬倫戈燉小牛肉⋯⋯⋯⋯232

Vin blanc白酒

香料果乾小羔羊⋯⋯⋯⋯224
蔬菜高湯⋯⋯⋯⋯⋯⋯⋯120
魚菲力佐白酒醬汁⋯⋯⋯176
牛高湯⋯⋯⋯⋯⋯⋯⋯⋯228
魚高湯⋯⋯⋯⋯⋯⋯⋯⋯160
醃漬鯖魚⋯⋯⋯⋯⋯⋯⋯170
白酒淡菜⋯⋯⋯⋯⋯⋯⋯180
燴小羔羊⋯⋯⋯⋯⋯⋯⋯222
甜蒜佐法式油醋汁⋯⋯⋯122
法式小扁豆湯⋯⋯⋯⋯⋯106
蘑菇義式麵餃⋯⋯⋯⋯⋯134
義大利燉飯⋯⋯⋯⋯⋯⋯112
香料飯⋯⋯⋯⋯⋯⋯⋯⋯114
芥末醬小牛腎⋯⋯⋯⋯⋯234
綠小扁豆沙拉⋯⋯⋯⋯⋯108
白酒醬汁⋯⋯⋯⋯⋯⋯⋯77
伯納西醬⋯⋯⋯⋯⋯⋯⋯70
荷蘭醬汁⋯⋯⋯⋯⋯⋯⋯78
絲滑醬汁⋯⋯⋯⋯⋯⋯⋯75
法式洋蔥湯⋯⋯⋯⋯⋯⋯128
魚湯⋯⋯⋯⋯⋯⋯⋯⋯⋯164
香蒜蛤蜊義大利麵⋯⋯⋯178
法式焗烤起司馬鈴薯⋯⋯252
香烤豬肋排⋯⋯⋯⋯⋯⋯216
馬倫戈燉小牛肉⋯⋯⋯⋯232

Vin rouge 紅酒

勃艮第紅酒燉牛肉⋯⋯⋯238
紅酒醬汁水波蛋⋯⋯⋯⋯200
紅酒醬汁⋯⋯⋯⋯⋯⋯⋯76

Vinaigre (balsamique, d'alcool blanc et de xérès)
醋（葡萄酒醋、白醋、雪莉醋）

鴨心佐馬鈴薯⋯⋯⋯⋯⋯194
油漬馬鈴薯鯡魚⋯⋯⋯⋯166
什錦蔬菜沙拉⋯⋯⋯⋯⋯124
醃漬鯖魚⋯⋯⋯⋯⋯⋯⋯170
美乃滋⋯⋯⋯⋯⋯⋯⋯⋯67
魔鬼蛋⋯⋯⋯⋯⋯⋯⋯⋯196
佛羅倫薩菠菜溏心蛋⋯⋯198
紅酒醬汁水波蛋⋯⋯⋯⋯200
甜蒜佐法式油醋汁⋯⋯⋯122
芹菜根沙拉⋯⋯⋯⋯⋯⋯126
白腰豆沙拉⋯⋯⋯⋯⋯⋯110
綠小扁豆沙拉⋯⋯⋯⋯⋯108
尼斯沙拉⋯⋯⋯⋯⋯⋯⋯168
伯納西醬⋯⋯⋯⋯⋯⋯⋯70
芥末醬汁⋯⋯⋯⋯⋯⋯⋯74
塔塔醬⋯⋯⋯⋯⋯⋯⋯⋯71
中東塔布勒沙拉⋯⋯⋯⋯104
法式烤蕃茄鑲肉⋯⋯⋯⋯212
香烤豬肋排⋯⋯⋯⋯⋯⋯216
法式油醋汁⋯⋯⋯⋯⋯⋯68

Volaille 禽類

藍帶雞排⋯⋯⋯⋯⋯⋯⋯188
鴨心佐馬鈴薯⋯⋯⋯⋯⋯194
雞高湯⋯⋯⋯⋯⋯⋯⋯⋯184
巴斯克燉雞⋯⋯⋯⋯⋯⋯190
黃檸檬燉雞⋯⋯⋯⋯⋯⋯192
香料奶油雞胸肉⋯⋯⋯⋯186

Yaourt 優格

優格蛋糕⋯⋯⋯⋯⋯⋯⋯262

法國春天當令的蔬果

	三月	四月	五月
大蒜		法式燉白豆p. 116 蔬菜千層麵p. 144 蘑菇蛋捲p. 204 青醬p. 66 紅酒醬汁p. 76 海鮮醬汁p. 79 藍乳酪醬汁p. 72 波隆那肉醬麵p. 242 法式焗烤起司馬鈴薯p. 252	
白蘆筍		✔	
綠蘆筍			✔
茄子			千層麵p.144
鱷梨		✔	
香蕉		法式炸蘋果甜甜圈p. 284	
甜菜根			✔
葉用甜菜		✔	
胡蘿蔔	法式白醬燉小牛肉p. 230 勃艮第紅酒燉牛肉p. 238 法式燉白豆p. 116 蔬菜北非小米飯p. 146 青醬p. 66 法式小扁豆湯p. 106 綠小扁豆沙拉p. 108 海鮮醬汁p. 79	勃艮第紅酒燉p. 238 法式燉白豆p. 116 蔬菜北非小米飯p. 146 青醬p. 66 海鮮醬汁p. 79	法式燉白豆p. 116 蔬菜北非小米飯p. 146 什錦蔬菜沙拉p. 124 海鮮醬汁p. 79
芹菜根	香烤蔬菜p. 138 芹菜根沙拉p. 126		

	三月	四月	五月
白蘑菇	法式白醬燉小牛肉 p. 230 紅酒醬汁水波蛋 p. 200 蘑菇蛋捲 p. 204 蘑菇義式麵餃p. 134	紅酒醬汁水波蛋p. 200 蘑菇蛋捲 p. 204 蘑菇義式麵餃 p. 134	
高麗菜	✔	✔	
白花椰菜			中東塔布勒沙拉p. 104
紅甘藍	✔	✔	
綠甘藍	法式蔬菜燉肉p. 218		✔
蝦夷蔥	塔塔醬p. 71		
黃檸檬	荷蘭醬汁p. 78 絲滑醬汁 p. 75 蛋白霜檸檬塔p. 292		
黃檸檬	義式奶酪p. 272 白酒醬汁p. 77		
檸檬草			✔
黃瓜			✔
櫛瓜			千層麵p.144 北非小米飯 p. 146
水芹	✔		
苦苣	法國苦苣焗烤火腿p. 142		
菠菜		佛羅倫薩菠菜溏心蛋p. 198	
龍蒿	魔鬼蛋p. 196 伯納西醬p. 70 塔塔醬 p. 71	魔鬼蛋p. 196 什錦蔬菜沙拉p. 124 伯納西醬p. 70 塔塔醬 p. 71	
茴香			煎烤蔬菜p. 140
豆類		✔	

	三月	四月	五月
百香果		義式奶酪p. 272	
白四季豆		✔	
四季豆			什錦蔬菜沙拉 p. 124
奇異果		義式奶酪p. 272 草莓帕芙洛娃蛋白餅p. 294 法式洋梨塔 p. 286	
羅曼生菜		✔	
月桂葉		法式燉白豆p. 116 紅酒醬汁p. 76 海鮮醬汁p. 79	
小扁豆	法式小扁豆湯p. 106 綠小扁豆沙拉p. 108		
蕪菁	法式蔬菜燉肉 p. 218		什錦蔬菜沙拉 p. 124
洋蔥		法式燉白豆p. 116 香料飯 p. 114 海鮮醬汁p. 79 法式洋蔥湯p. 128 波隆那肉醬麵p. 242 法式焗烤起司馬鈴薯p. 252	
珍珠洋蔥		✔	
奧勒岡			蔬菜千層麵 p.144
地瓜		✔	
歐芹		蘑菇蛋捲p. 204 塔塔醬p. 71 波隆那肉醬麵p. 242	
豌豆仁			什錦蔬菜沙拉p. 124
西洋梨	法式炸蘋果甜甜圈p. 284 蘋果夏洛特 p. 278 烤蘋果奶酥 p. 282 法式洋梨塔p. 286		

	三月	四月	五月

蘋果

法式炸蘋果甜甜圈 p. 284
蘋果夏洛特p. 278
芹菜根沙拉p. 126
反轉蘋果塔 p. 280

甜蒜

甜蒜佐法式油醋汁 p. 122

馬鈴薯

焗烤鱈魚馬鈴薯泥p. 174
鴨心佐馬鈴薯p. 194
炸薯條p. 154
義式麵疙瘩-玉棋 p. 150
法式鮮奶油焗烤馬鈴薯p. 148
薯泥焗牛肉p. 240
什錦蔬菜沙拉p. 124
香煎馬鈴薯絲餅p. 152
鄉村蔬菜燉牛肉p. 236
馬鈴薯泥p. 156
西班牙馬鈴薯烘蛋 p. 202

櫻桃蘿蔔

青醬 p. 66

大黃

✔

迷迭香

蔬菜千層麵p.144

鼠尾草

✔

番茄

蔬菜千層麵p.144
海鮮醬汁 p. 79
波隆那肉醬麵p. 242
法式烤蕃茄鑲肉p. 212

法國夏天當令的蔬果

	六月	七月	八月
杏桃		烤蘋果奶酥 p. 282 法式洋梨塔p. 286	
大蒜		法式燉白豆p. 116 蔬菜千層麵p.144 蘑菇蛋捲 p. 204 青醬 p. 66 紅酒醬汁p. 76 海鮮醬汁p. 79 藍乳酪醬汁p. 72 波隆那肉醬麵p. 242 法式焗烤起司馬鈴薯 p. 252	
蒔蘿		✔	
茴芹		✔	
薊頭花		✔	
白蘆筍	✔		
綠蘆筍	✔		
茄子		蔬菜千層麵p.144 法式普羅旺斯燉菜p. 132	
鱷梨		✔	
香蕉		法式炸蘋果甜甜圈p. 284	
羅勒		青醬 p. 66 中東塔布勒沙拉p. 104	
甜菜根		✔	
葉用甜菜		✔	
青花菜		中東塔布勒沙拉p. 104	

	六月	七月	八月
胡蘿蔔	法式燉白豆 p. 116 蔬菜北非小米飯p. 146 勃艮第紅酒燉牛肉p. 238 什錦蔬菜沙拉p. 124 青醬p. 66 海鮮醬汁p. 79		法式燉白豆 p. 116 蔬菜北非小米飯p. 146 勃艮第紅酒燉牛肉 p. 238 青醬 p. 66 海鮮醬汁p. 79
芹菜		✔	
牛肝箘			蘑菇蛋捲 p. 204 蘑菇義式麵餃p. 134
車窩草		伯納西醬p. 70 塔塔醬p. 71 波隆那肉醬麵p. 242	
櫻桃		法式烤水果布丁p. 298 草莓帕芙洛娃蛋白餅 p. 294	
雞油菌		蘑菇蛋捲p. 204 蘑菇義式麵餃p. 134	
高麗菜		✔	
球芽甘藍			✔
白花椰菜		中東塔布勒沙拉p. 104	
紅甘藍		✔	
綠甘藍		法式蔬菜燉肉p. 218	
蝦夷蔥		塔塔醬p. 71	
黃檸檬		荷蘭醬汁p. 78 絲滑醬汁 p. 75 蛋白霜檸檬塔 p. 292 香料奶油雞胸肉 p. 186	
綠檸檬		義式奶酪 p. 272 白酒醬汁 p. 77	
檸檬草		✔	
黃瓜		✔	

	六月	七月	八月
香菜		香料果乾小羔羊p. 224 蔬菜北非小米飯p. 146 中東塔布勒沙拉p. 104	
栗子南瓜		蔬菜北非小米飯p. 146 法式蔬菜鹹派p. 136 蔬菜千層麵p.144 法式普羅旺斯燉菜p. 132	
水芹		✔	
紅蔥頭		白酒醬汁p. 77 紅酒醬汁p. 76 伯納西醬p. 70 法式普羅旺斯燉菜p. 74	
菠菜		佛羅倫薩菠菜溏心蛋 p. 198	
龍蒿		什錦蔬菜沙拉p. 124 魔鬼蛋p. 196 伯納西醬p. 70 塔塔醬 p. 71 香料奶油雞胸肉p. 186	
茴香		煎烤蔬菜 p. 140	
豆類	✔		
櫛瓜花		✔	
草莓	義式奶酪 p. 272 草莓帕芙洛娃蛋白餅p. 294 法式洋梨塔p. 286		蛋白霜檸檬塔p. 292 義式奶酪 p. 272 草莓帕芙洛娃蛋白餅p. 294 法式洋梨塔p. 286
覆盆子		烤蘋果奶酥p. 282 焗烤水果沙巴雍p. 296 義式奶酪p. 272 草莓帕芙洛娃蛋白餅 p. 294 法式洋梨塔p. 286	
百香果		義式奶酪 p. 272	
黃蘑菇		蘑菇蛋捲 p. 204 蘑菇義式麵餃p. 134	
白四季豆		✔	
四季豆	什錦蔬菜沙拉p. 124		✔

	六月	七月	八月
奇異果		草莓帕芙洛娃蛋白餅p. 294 法式洋梨塔p. 286	
羅曼生菜		✔	
月桂葉		法式燉白豆p. 116 紅酒醬汁p. 76 海鮮醬汁 p. 79	
香瓜		✔	
黃香李			法式烤水果布丁p. 298 烤蘋果奶酥 p. 282 法式洋梨塔 p. 286
黑莓		焗烤水果沙巴雍p. 296 草莓帕芙洛娃蛋白餅 p. 294 法式洋梨塔p. 286	
藍莓		焗烤水果沙巴雍 p. 296 草莓帕芙洛娃蛋白餅 p. 294 法式洋梨塔p. 286	
榛果			✔
洋蔥		法式燉白豆 p. 116 香料飯p. 114 海鮮醬汁p. 79 法式洋蔥湯 p. 128 波隆那肉醬麵 p. 242 法式焗烤起司馬鈴薯 p. 252	
珍珠洋蔥		✔	
奧勒岡		蔬菜千層麵p.144	
西瓜		✔	
地瓜		✔	
桃子		烤蘋果奶酥p. 282	
歐芹		蘑菇蛋捲 p. 204 塔塔醬 p. 71 波隆那肉醬麵 p. 242	
豌豆仁	什錦蔬菜沙拉p. 124		

	六月	七月	八月

彩椒		蔬菜千層麵p.144 巴斯克燉雞 p. 190 法式普羅旺斯燉菜 p. 132 尼斯沙拉 p. 168 中東塔布勒沙拉 p. 104	
馬鈴薯		鴨心佐馬鈴薯 p. 194 炸薯條 p. 154 義式麵疙瘩-玉棋p. 150 法式鮮奶油焗烤馬鈴薯 p. 148 薯泥焗牛肉p. 240 什錦蔬菜沙拉p. 124 香煎馬鈴薯絲餅p. 152 鄉村蔬菜燉牛肉 p. 236 法式蔬菜燉肉p. 218 馬鈴薯泥 p. 156 西班牙馬鈴薯烘蛋p. 202	
李子		法式烤水果布丁p. 298 法式洋梨塔 p. 286	
櫻桃蘿蔔	青醬p. 66		
大黃	✔		
迷迭香	蔬菜千層麵p.144		
鼠尾草	✔		
百里香		法式燉白豆p. 116 紅酒醬汁p. 76 海鮮醬汁p. 79	
番茄		蔬菜千層麵p.144 法式普羅旺斯燉菜 p. 132 尼斯沙拉p. 168 海鮮醬汁p. 79 中東塔布勒沙拉p. 104 波隆那肉醬麵 p. 242 法式烤蕃茄鑲肉 p. 212	

法國秋天當令的蔬果

	九月	十月	十一月
薊頭花	✔		
茄子	蔬菜千層麵p.144		
鱷梨		✔	
香蕉		法式炸蘋果甜甜圈p.284	
甜菜根	✔		
葉用甜菜		✔	
青花菜		✔	
胡蘿蔔	勃艮第紅酒燉牛肉p.238 青醬p.66	法式白醬燉小牛肉 p.230 勃艮第紅酒燉牛肉p.238 燴小羔羊p.222 青醬p.66 鄉村蔬菜燉牛肉p.236	法式白醬燉小牛肉 p.230 勃艮第紅酒燉牛肉 p.238 燴小羔羊p.222 青醬p.66 法式小扁豆湯 p.106 鄉村蔬菜燉牛肉p.236 綠小扁豆沙拉 p.108
芹菜根			香烤蔬菜 p.138 芹菜根沙拉p.126
芹菜		✔	
牛肝蕈	蘑菇蛋捲 p.204 蘑菇義式麵餃 p.134		
白蘑菇			法式白醬燉小牛肉 p.230 蘑菇蛋捲 p.204 蘑菇義式麵餃p.134
栗子		✔	
高麗菜		✔	

	九月	十月	十一月
球芽甘藍	✔	✔	✔
白花椰菜	中東塔布勒沙拉 p. 104		
紅甘藍	✔	✔	✔
綠甘藍	✔	法式蔬菜燉肉 p. 218	
蝦夷蔥	塔塔醬 p. 71		
黃檸檬	荷蘭醬汁 p. 78 / 絲滑醬汁 p. 75 / 蛋白霜檸檬塔 p. 292 / 黃檸檬燉雞 p. 192 / 香料奶油雞胸肉 p. 186		
綠檸檬	義式奶酪 p. 272 / 白酒醬汁 p. 77		
檸檬草	✔		
南瓜家族	✔	✔	✔
桔橙			義式奶酪 p. 272 / 柳橙舒芙蕾 p. 288
黃瓜	✔		
栗子南瓜		蔬菜濃湯 p. 130	
櫛瓜	蔬菜北非小米飯 p. 146 / 法式蔬菜鹹派 p. 136 / 蔬菜千層麵 p.144 / 法式普羅旺斯燉菜 p. 132		
水芹	✔	✔	✔
苦苣		法國苦苣焗烤火腿 p. 142	
菠菜	佛羅倫薩菠菜溏心蛋 p. 198		
龍蒿	魔鬼蛋 p. 196 / 伯納西醬 p. 70 / 塔塔醬 p. 71 / 香料奶油雞胸肉 p. 186		

	九月	十月	十一月

茴香	煎烤蔬菜 p. 140

草莓	焗烤水果沙巴雍p. 296 義式奶酪p. 272 草莓帕芙洛娃蛋白餅p. 294 法式洋梨塔p. 286

覆盆子	烤蘋果奶酥 p. 282 焗烤水果沙巴雍 p. 296 義式奶酪 p. 272 草莓帕芙洛娃蛋白餅p. 294 法式洋梨塔 p. 286

百香果	義式奶酪 p. 272

番石榴	✔

白四季豆	✔

綠四季豆	✔

奇異果	草莓帕芙洛娃蛋白餅p. 294 法式洋梨塔p. 286

羅曼生菜	✔

月桂葉	法式燉白豆 p. 116 紅酒醬汁p. 76 海鮮醬汁p. 79

小扁豆	法式小扁豆湯p. 106 綠小扁豆沙拉p. 108

羊萵苣	✔

柑橘	義式奶酪p. 272 柳橙舒芙蕾 p. 288

香瓜	✔

黃香李	法式烤水果布丁p. 298 烤蘋果奶酥p. 282 法式洋梨塔p. 286

黑莓	焗烤水果沙巴雍 p. 296 法式洋梨塔p. 286

	九月	十月	十一月
藍莓	焗烤水果沙巴雍p. 296 法式洋梨塔 p. 286		
蕪菁		蔬菜北非小米飯 p. 146 燴小羔羊 p. 222 鄉村蔬菜燉牛肉 p. 236 法式蔬菜燉肉 p. 218	
榛果	法式起司鹹泡芙 p. 248	✔	
核桃	✔		
洋蔥		法式燉白豆 p. 116 蔬菜千層麵 p.144 海鮮醬汁 p. 79 法式洋蔥湯 p. 128 波隆那肉醬麵 p. 242 法式焗烤起司馬鈴薯 p. 252	
珍珠洋蔥	✔		
橄欖		黃檸檬燉雞 p. 192	
奧勒岡	蔬菜千層麵 p.144		
防風草		✔	
西瓜	✔		
地瓜		✔	
桃子	烤蘋果奶酥 p. 282		
歐芹		蘑菇蛋捲 p. 204 塔塔醬 p. 71 波隆那肉醬麵 p. 242	
西洋梨		法式炸蘋果甜甜圈 p. 284 蘋果夏洛特 p. 278 烤蘋果奶酥 p. 282 法式洋梨塔 p. 286	
甜蒜	甜蒜佐法式油醋汁 p. 122	甜蒜佐法式油醋汁 p. 122 鄉村蔬菜燉牛肉 p. 236	

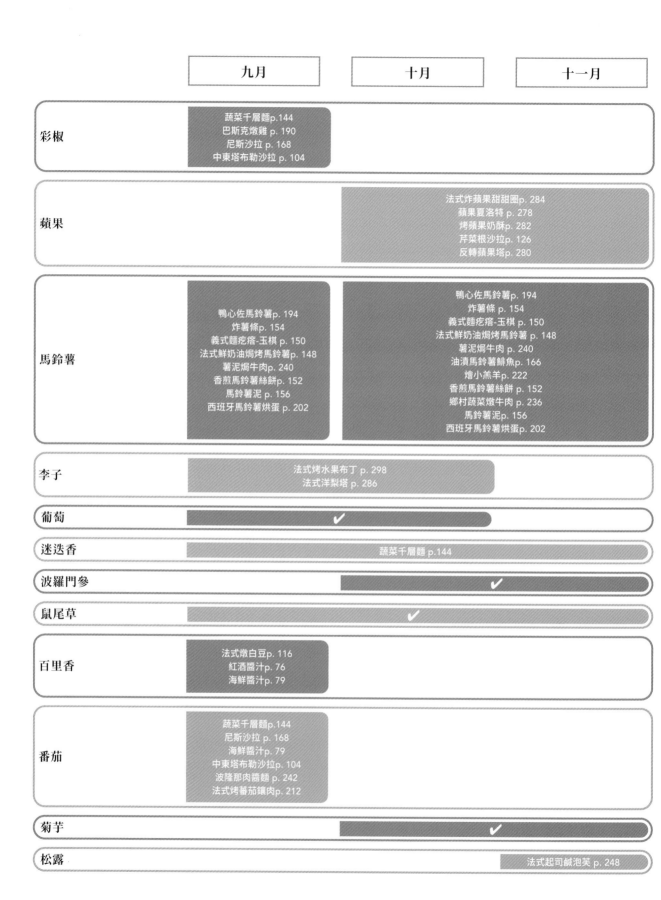

	九月	十月	十一月
彩椒	蔬菜千層麵p.144 巴斯克燉雞 p. 190 尼斯沙拉 p. 168 中東塔布勒沙拉 p. 104		
蘋果		法式炸蘋果甜甜圈p. 284 蘋果夏洛特 p. 278 烤蘋果奶酥 p. 282 芹菜根沙拉 p. 126 反轉蘋果塔p. 280	
馬鈴薯	鴨心佐馬鈴薯p. 194 炸薯條 p. 154 義式麵疙瘩-玉棋 p. 150 法式鮮奶油焗烤馬鈴薯p. 148 薯泥焗牛肉p. 240 香煎馬鈴薯絲餅p.152 馬鈴薯泥 p. 156 西班牙馬鈴薯烘蛋 p. 202	鴨心佐馬鈴薯p. 194 炸薯條 p. 154 義式麵疙瘩-玉棋 p. 150 法式鮮奶油焗烤馬鈴薯 p. 148 薯泥焗牛肉 p. 240 油漬馬鈴薯鯡魚p. 166 燴小羔羊p. 222 香煎馬鈴薯絲餅 p. 152 鄉村蔬菜燉牛肉 p. 236 馬鈴薯泥p. 156 西班牙馬鈴薯烘蛋p. 202	
李子	法式烤水果布丁 p. 298 法式洋梨塔 p. 286		
葡萄	✔		
迷迭香	蔬菜千層麵 p.144		
波羅門參		✔	
鼠尾草	✔		
百里香	法式燉白豆p. 116 紅酒醬汁p. 76 海鮮醬汁p. 79		
番茄	蔬菜千層麵p.144 尼斯沙拉 p. 168 海鮮醬汁p. 79 中東塔布勒沙拉p. 104 波隆那肉醬麵 p. 242 法式烤番茄鑲肉p. 212		
菊芋		✔	
松露			法式起司鹹泡芙 p. 248

法國冬天當令的蔬果

	十二月	一月	二月
鳳梨		法式炸蘋果甜甜圈 p. 284 烤蘋果奶酥 p. 282 焗烤水果沙巴雍 p. 296	
鱷梨		✔	
香蕉		法式炸蘋果甜甜圈 p. 284	
胡蘿蔔		法式白醬燉小牛肉 p. 230 勃艮第紅酒燉牛肉 p. 238 燴小羔羊 p. 222 青醬 p. 66 法式小扁豆湯 p. 106 鄉村蔬菜燉牛肉 p. 236 綠小扁豆沙拉 p. 108	
芹菜根		香烤蔬菜 p. 138 芹菜根沙拉 p. 126	
白蘑菇		法式白醬燉小牛肉 p. 230 紅酒醬汁水波蛋 p. 200 蘑菇蛋捲 p. 204 蘑菇義式麵餃 p. 134	
栗子	✔		
白花椰菜		✔	
球芽甘藍		✔	
紅甘藍		✔	
綠甘藍		法式蔬菜燉肉 p. 218	
黃檸檬		荷蘭醬汁 p. 78 絲滑醬汁 p. 75 蛋白霜檸檬塔 p. 292 黃檸檬燉雞 p. 192	
綠檸檬			白酒醬汁 P. 77 義式奶酪 p. 272

	十二月	一月	二月
南瓜家族		✔	
桔橙		義式奶酪p. 272	
栗子南瓜		蔬菜濃湯p. 130	
水芹		✔	
苦苣		法國苦苣焗烤火腿p. 142	
百香果		義式奶酪 p. 272	
番石榴		✔	
奇異果		草莓帕芙洛娃蛋白餅p. 294 法式洋梨塔p. 286	
月桂葉		法式燉白豆p. 116 紅酒醬汁p. 76 海鮮醬汁p. 79	
小扁豆		法式小扁豆湯 p. 106 綠小扁豆沙拉p. 108	
荔枝	✔		
羊萵苣		✔	
柑橘		義式奶酪p. 272 柳橙舒芙蕾p. 288	
蕪菁		蔬菜北非小米飯p. 146 燴小羔羊p. 222 鄉村蔬菜燉牛肉p. 236 法式蔬菜燉肉p. 218	
洋蔥		法式燉白豆p. 116 蔬菜千層麵p.144 法式小扁豆湯 p. 106 海鮮醬汁p. 79 法式洋蔥湯p. 128 波隆那肉醬麵 p. 242 法式焗烤起司馬鈴薯p. 252	
橄欖	黃檸檬燉雞 p. 192		
柳橙		法式火焰橙香可麗餅p. 290 義式奶酪p. 272 柳橙舒芙蕾p. 288	

	十二月	一月	二月
防風草	✔		
地瓜		✔	
西洋梨		法式炸蘋果甜甜圈p. 284 蘋果夏洛特p. 278 烤蘋果奶酥p. 282 法式洋梨塔p. 286	
甜蒜		法式白醬燉小牛肉p. 230 甜蒜佐法式油醋汁p. 122 鄉村蔬菜燉牛肉 p. 236	
蘋果		法式炸蘋果甜甜圈 p. 284 蘋果夏洛特p. 278 烤蘋果奶酥p. 282 反轉蘋果塔 p. 280	
馬鈴薯		鴨心佐馬鈴薯p. 194 炸薯條 p. 154 義式麵疙瘩-玉棋 p. 150 法式鮮奶油焗烤馬鈴薯 p. 148 薯泥焗牛肉 p. 240 油漬馬鈴薯鯡魚p. 166 燴小羔羊p. 222 香煎馬鈴薯絲餅p. 152 鄉村蔬菜燉牛肉 p. 236 馬鈴薯泥p. 156 西班牙馬鈴薯烘蛋p. 202	
迷迭香		蔬菜千層麵p. 144	
波羅門參		✔	
鼠尾草		✔	
菊芋		✔	
松露		法式起司鹹泡芙p. 248	

當季漁產品指南

	一月	二月	三月	四月	五月
ANCHOIS 鯷魚					✔
ANGUILLE 鰻魚				✔	
BAR 狼鱸		魚菲力佐白酒醬汁 Filets de poisson sauce au vin blanc p. 176			
BROCHET 白斑狗魚			✔		
CABILLAUD 圓鱈		魚肉凍 Pain de poisson p. 162			
COQUES 蛤蜊		香蒜蛤蜊義大利麵 Spaghettis alle vongole p.178			
COQUILLE SAINT-JACQUES 干貝			✔		
COLIN 無鬚鱈			焗烤鱈魚馬鈴薯泥 Brandade p. 174 炸魚薯條 Fish & chips p. 172		
DORADE 鯛魚		魚菲力佐白酒醬汁 Filets de poisson sauce au vin blanc p. 176			
ÉPERLAN 胡瓜魚		炸魚薯條 Fish & chips p. 172			
HADDOCK 黑線鱈		✔			
HARENG 鯡魚		油漬馬鈴薯鯡魚 Hareng pommes à l'huile p.166			
HUÎTRES 生蠔		✔			
LIEU 青鱈				炸魚薯條 Fish & chips p. 172	
LIMANDE 歐洲黃蓋鰈		✔			
LOTTE 山鯰魚		✔			
MAQUEREAU 鯖魚				醃漬鯖魚 Maquereaux à l'escabèche p. 170	

六月	七月	八月	九月	十月	十一月	十二月

魚菲力佐白酒醬汁 Filets de poisson sauce au vin blanc p. 176

香蒜蛤蜊義大利麵 Spaghettis alle vongole p.178

魚菲力佐白酒醬汁 Filets de poisson sauce au vin blanc p. 176

炸魚薯條 Fish & chips p. 172

油漬馬鈴薯鯡魚 Hareng pommes à l'huile p.166

醃漬鯖魚 Maquereaux à l'escabèche p. 170

	一月	二月	三月	四月	五月
MERLAN 牙鱈		炸魚薯條 Fish & chips p. 172			
MORUE 鱈魚		焗烤鱈魚馬鈴薯泥 Brandade p. 174			
MOULES 淡菜		白酒淡菜 Moules marinières p. 180			
RAIE 鰩魚	✔		✔		
ROUGET 緋鯉				魚湯 Soupe de poisson p. 164	
SAUMON 鮭魚		魚肉凍 Pain de poisson p. 162			
SOLE 比目魚		✔			
THON 鮪魚					
TURBOT 大菱鮃		✔			

六月	七月	八月	九月	十月	十一月	十二月

白酒淡菜 Moules marinières p. 180

魚湯 Soupe de poisson p. 164

魚肉凍 Pain de poisson p. 162

尼斯沙拉 Salade niçoise p. 168

專業詞彙

Abaisser une pâte擀壓麵團：使用擀麵棍，將麵團擀壓至需要的厚度。

Blanchir 攪拌至顏色泛白：將蛋黃與白糖以打蛋器或木勺快速攪拌，直到混合物質地均勻細滑，含有少許空氣，故顏色比蛋黃淺的淺黃色。

Clarifier du beurre 製作澄清奶油：將奶油以小火加熱，使奶油中的脂肪與其他成分分離。

Clarifier les œufs分蛋：將全蛋的蛋白與蛋黃分離。

Concasser 切碎/搗碎：將物體切或搗成小塊狀。

Escaloper 切薄片：將食材切成非常薄的片狀。

Julienne 細條：將食材切成細條狀。

Macédoine 丁狀蔬菜沙拉：將蔬菜切成邊長一公分的立方體，汆燙後食用，可熱食也可冷食。

Mijoter 燜：以文火加熱。

Monder 去皮：在滾水內汆燙番茄，並將番茄去皮。

Monter des blancs en neige 打發蛋白：將全蛋分蛋後，取其蛋白，並快速攪拌，得到光滑緊緻的蛋白霜。

Monter une crème 打發鮮奶油：快速攪拌鮮奶油，使其充滿空氣並增加體積。

Réduire à sec 濃縮醬汁：將鍋中液體加熱蒸發其中的水分，直到液體濃縮至剩下極少份量。

Roux 油糊：混合等量的麵粉與油脂，在鍋內以中火加熱，依用途使用上色程度不同的油糊。

Sauce nappante：能在湯匙背面稍微附著一層薄膜，濃稠度中等的醬汁。

Serrer：在蛋白打發的過程中，一邊快速攪拌，一邊慢慢加入糖，使蛋白霜質地更加細緻穩定。

Singer 撒上麵粉：在使用油脂翻炒前，先將食材灑上麵粉。

Vanner：在冷卻醬汁或奶醬時，適當攪拌，以防止表面結皮。